污水处理厂模型构建导则和应用案例

吴远远 著

U0252187

中国环境出版集团·北京

图书在版编目（CIP）数据

污水处理厂模型构建导则和应用案例 / 吴远远著.
北京：中国环境出版集团，2024.11. － － ISBN 978-7
-5111-5953-3

Ⅰ．X505
中国国家版本馆 CIP 数据核字第 2024Z5K398 号

责任编辑　曹　玮
封面设计　彭　杉

出版发行　中国环境出版集团
　　　　　（100062　北京市东城区广渠门内大街 16 号）
　　　　　网　　　址：http://www.cesp.com.cn
　　　　　电子邮箱：bjgl@cesp.com.cn
　　　　　联系电话：010-67112765（编辑管理部）
　　　　　　　　　　010-67113412（第二分社）
　　　　　发行热线：010-67125803，010-67113405（传真）
印　　刷　北京中献拓方科技发展有限公司
经　　销　各地新华书店
版　　次　2024 年 11 月第 1 版
印　　次　2024 年 11 月第 1 次印刷
开　　本　787×1092　1/16
印　　张　12.5
字　　数　270 千字
定　　价　128.00 元

序言

改革开放至今，经过 40 多年的基础设施建设，我国市政污水收集与处理设施建设取得了快速发展，有效保护了地表水体环境质量。未来，我国市政污水处理事业将从不断"新建"转型至"存量"运维，因为很多既有污水处理厂目前运行效率下，例如，过度曝气、碳源/药剂过量投加等现象较为普遍，致运营成本居高不下，同时带来了高碳排问题。对此，需要审时度势地升级污水处理厂运维水平，以实现其高效、降本、低碳运行。在此方面，污水处理工艺过程数字模型构建可以事半功倍地解决这些问题，因为数字模型基于微生物生理、生化反应机理，可全面描述复杂系统内多种生物化学反应过程。相较于传统经验运维管理污水处理运行，数字模型几乎可以做到"靶向"定位，它不仅可以合理预测污水处理出水状况，也能准确分析污水处理工艺运行水平和问题所在，从而实现精准曝气、酌情投药、降碳增效。

目前，我国生态文明建设已进入减污降碳、协同增效的关键时期。随着污水处理量增加和出水水质标准提升，如沿用传统经验运行模式势必会依赖高能耗、高药耗处理方式，这显然与我国提出的"双碳"目标背道而驰。因此，基于生物建模的污水处理工艺数字管控系统便显得时机成熟，完全可以应用于污水处理工艺设计、问题诊断和优化运行，以实现精准曝气、合理回流和适当投药。可以全面提升污水处理效率，减少能耗、药耗，在达标排放的同时实现低碳污水处理过程。可见，污水处理工艺数字模型是减污降碳、降本增效的一种利器。

为将国际最新理念与技术实时引入国内并成功实践，2016 年由北京首创生态环保集团联合北京建筑大学与荷兰代尔夫特理工大学（TU Delft），在北京成立了"中—荷未来污水处理技术研发中心"（简称"中心"），奉行"学术国际化，技术社会化"的研发理念，旨在将最好的学术成果转化为最佳的应用技术。中心在"头雁"——Mark van Loosdrecht 院士的引领下（与 Sebastian Meijer 博士合作），应用荷兰建模原理，针对中国污水处理实践将数字模拟技术快速本土化并应用于运行实践，并由此产生了很多优秀应用案例。

上述数字模拟技术应用理论与经验目前已由吴远远博士主持编辑成书——《污水处理厂模型构建导则和应用案例》。本书深入浅出地介绍了污水处理工艺数字建模的理论与方法，全面阐述了数字建模所需的进水表征、数据收集、模型构建等步骤中的实施重点与技术细节，并对应用案例予以详述和总结，目的是便于我国污水处理厂工艺设计人员及运行人员理论联系实际并学以致用，可作为污水处理人员、环境工程工艺设计人员、运行管理人员参考用书，希望以此来推动工艺数字模拟技术在我国污水处理领域的广泛应用。

北京建筑大学教授、博士

2024 年 10 月 25 日

前言

绿水青山，是我们心之所向，也是我们环保人奋斗的光荣使命和最终目标。污水处理厂在过去的 40 年间不断发展和进步，涉及工艺技术、设计规范、设备材料以及运营能力。水务市场也逐步进入存量运营时代，精细化和高质量运营成为行业趋势。如何提高运营人员的能力，将节能降耗、降低运行成本的相关技术和管理方法融入水厂运营中，成为水务行业关注的重点，仅仅依靠经验和半经验运行的时代注定成为过去式。

随着数字化、智慧化、数据要素等概念的逐步提出，在如今的数字时代，如何利用数据挖掘价值，如何利用数据搭建模型，真正实现从数字到智慧的跨越，是我们新一代水务人要去突破的技术难点。污水处理厂生物模型是其中的重要一环，是实现从信息化走向智慧化的关键一步。大部分污水处理厂的设计都存在池容冗余、风机冗余等问题，所以需要依托生物模型技术，通过模型构建、情景优化将污水处理厂调整到最佳状态，在此基础上方可进行"优中选优"的 AI 模型优化，否则就是"劣中选优"，价值大大降低。

污水处理行业中的"精确曝气""精确加药"等概念已经有 15 余年的历史，推广应用不佳。污水处理的脱氮、除磷、降碳等过程是互相影响的，例如，曝气过程会影响脱氮效率，一是曝气时溶解氧浓度会影响是否能够发生同步硝化反硝化，从而影响脱氮效率，二是内回流的溶解氧浓度会影响缺氧池碳源的有效利用率。此外，运营过程中对于化学除磷的依赖，促进了药剂企业、高效沉淀池等的发展，因此对于生物除磷的考虑越来越少。实际上，很多污水处理厂仅仅生物除磷便可实现二沉池出水的平均总磷浓度低于 0.5 mg/L，但是却没有被充分发挥出来。因此，要系统考虑脱氮除磷的优化问题，以尽可能发挥生物去除效率，绝不能割裂开而单独进行优化。这也就意味着生物模型的构建技术需要被更多人掌握并使用。

笔者与荷兰代尔夫特理工大学 Mark vanLoosdrecht 院士、北京建筑大学郝晓地教授、比利时根特大学 Eveline Volcke、荷兰的 Sebastian Meijer 博士进行了多年项目合作，将生物建模技术在中国污水处理厂进行应用，并一起探索适合中国水质特征、工艺特征、设备特征的建模方法及控制方法。因此，本书综合了国内外多个实际工程经验，系统深入地阐述了污水处理厂数字建模所需的理论基础和方法论。全面介绍了数字建模所需的进水表征、数据收集、生物模型构建等步骤中的实施重点和技术细节。本书共分为 16 章。第 1 章概述了我国污水处理厂现状及特点，并介绍了我国污水处理厂面临的机遇和挑战。第 2 章介绍了活性污泥模型、建模软件和建模流程等，从宏观角度阐述了生物建模技术的价值和前景。第 3 章介绍了污水进水组成及其测定方法，并在此基础上进一步阐述了相关参数在建模软件中的表征。第 4～10 章进一步详细介绍了污水处理厂数字建模所需步骤：第 4 章（第一步）介绍了需要收集的有关污水处理厂设计、建设运行等关键信息，以用来构建评估污水处理厂的数据库；第 5 章（第二步）介绍了建立流程图所需确定的污水处理厂中各个工艺单元，以便后续工作中使用；第 6 章（第三步）介绍了收集有关污水处理厂日常信息的采样项目、采集计划和采样点设定；第 7 章（第四步）介绍了在第 6 章之外的需要额外补充测量的信息（如活性污泥特性等），并且描述了如何利用这些数据对已有信息进行筛查过滤；第 8 章（第五步）描述了二沉池评估方法，包括 5 种最常见的二沉池设计流程；第 9 章（第六步）介绍了制定一个采集污水处理厂数据计划的方法，以及如何平衡收集数据的质量和采集成本；第 10 章（最后一步）详细阐述了模拟活性污泥系统的通用 STOWA 建模方法及在其基础上改良的模型校准方法。第 11 章介绍了如何将整个工作流程拆解为单个步骤，并详细介绍每个步骤的重点和时间费用预算。第 12～15 章分别用 3 个工程实例进一步讲解数字建模如何在污水处理厂进行实际应用。第 16 章则对全书内容进行总结，并提出进一步的展望。

　　本书的优势在于其是在笔者多年生物建模和大量实际工程经验的基础上撰写的。书中不仅包含有关生物建模的基础理论知识，还提供了大量实际工程案例，以便读者理论联系实际并学以致用。本书可作为相关从业人员学习参考用书，旨在推动数字建模在污水处理厂设计、建设和运行等阶段的应用。

　　本书由北京首创生态环保集团吴远远博士著，马晨阳博士参与著作部分撰写工作。同时感谢首创环保集团的支持，感谢北京建筑大学郝晓地教授为本书撰写序言。书中难免有瑕疵和疏漏之处，敬请读者指正。

作　者
2024 年 10 月

目录

第1章 概 述 / 1

1.1 我国污水处理政策 / 1

1.2 我国污水处理厂概况 / 3

1.3 我国市政污水水质特征 / 5

1.4 我国污水处理厂出水情况 / 8

1.5 我国污水处理厂运行能耗和药耗 / 12

1.6 污水处理厂主要工艺 / 15

1.7 我国污水处理厂面临的机遇和挑战 / 16

参考文献 / 17

第2章 污水处理生物模型技术的价值和发展 / 18

2.1 生物模型技术在污水处理全生命周期的价值 / 18

2.2 活性污泥模型介绍 / 20

2.3 模拟环境/软件 / 24

2.4 建模协议/导则 / 26

参考文献 / 31

第3章 进水特征化表述 / 32

3.1 污水进水组分 / 32

3.2 利用水质测量值计算进水生化组分 / 35

3.3 Biowin BOD 计算 / 39

3.4 BOD 计算实例 / 42

3.5 出水 BOD / 44

3.6 重要建模参数 COD 和 BOD / 44

3.7 Biowin 进水表征的实例结果 / 46

参考文献 / 47

第4章 污水处理厂数据库构建 / 48
  4.1 简介 / 48
  4.2 一般信息 / 49
  4.3 收集信息参考 / 50
  4.4 污水处理厂历史信息的一般性描述 / 50
  4.5 关于法规和监督的信息 / 51
  4.6 关于污水处理厂受纳水体的信息 / 51
  4.7 关于下水道排水系统的信息 / 52
  4.8 工业废水排放信息 / 52
  4.9 运行数据总结 / 53
  4.10 污水处理厂的一般分类 / 54
  4.11 污水处理厂运行历史 / 55
  4.12 结论 / 56

第5章 污水处理厂技术描述 / 57
  5.1 简介 / 57
  5.2 构筑工艺单元的分类 / 57
  5.3 结论 / 66

第6章 污水处理厂历史运行数据采集 / 68
  6.1 工艺流程分类 / 68
  6.2 污水处理厂测量采样点 / 69
  6.3 每日进出水量的典型测量方法 / 71

第7章 活性污泥法污水处理厂评估 / 73
  7.1 简介 / 73
  7.2 活性污泥特征 / 74
  7.3 物料平衡评价 / 81
  7.4 污水处理厂运行的评估 / 83
  7.5 SRT 的计算 / 83
  7.6 另一种 SRT 计算方法：基于 TP 平衡 / 84

第 8 章　二次沉淀池评估 / 87

8.1　简介 / 87

8.2　二级沉淀池设计效果案例 / 89

8.3　污泥可沉降性替代指标 / 92

8.4　结论 / 94

参考文献 / 94

第 9 章　采样方法设计 / 95

9.1　简介 / 95

9.2　测量计划示例 / 100

9.3　采样方案设计的一般建议 / 100

9.4　样品鉴定及数据表 / 101

9.5　限制结果有效性的因素 / 102

9.6　分析测量方面的实际建议 / 103

9.7　水质监控的一般方法 / 104

9.8　结论 / 106

第 10 章　活性污泥建模方法 / 107

10.1　简介 / 107

10.2　建模方法的实际问题清单 / 108

10.3　结论 / 124

参考文献 / 124

第 11 章　建模规划 / 125

11.1　规划指南中的步骤 / 125

11.2　时间和预算管理风险 / 127

11.3　技术任务预计时间投入 / 127

参考文献 / 128

第 12 章　基于生物建模的污水处理厂运行优化应用案例 / 129

12.1　污水处理厂介绍 / 129

12.2　样品采集和水质测试 / 131

12.3　数据清洗 / 132

12.4 污水处理厂模型构建 / 132

12.5 模型校正 / 134

12.6 模型验证 / 135

12.7 一期运行优化 / 137

12.8 二期运行优化 / 139

12.9 结论 / 143

参考文献 / 143

第 13 章 污水处理厂化学除磷药剂投加量研究和应用实践 / 145

13.1 试验方法和材料 / 146

13.2 试验方案 / 147

13.3 结果和讨论 / 149

13.4 结论 / 155

参考文献 / 155

第 14 章 超磁分离技术用于生活污水处理厂预处理的模型评估 / 157

14.1 污水处理厂情况介绍 / 157

14.2 模型构建 / 158

14.3 技术有效性比较 / 161

14.4 经济性评估 / 166

14.5 结论 / 168

参考文献 / 168

第 15 章 基于模型的污水处理控制策略评估和优化 / 170

15.1 污水处理厂建模 / 170

15.2 控制策略设计与评价方法 / 173

15.3 模拟仿真 / 176

15.4 结论 / 179

参考文献 / 180

第 16 章 结 论 / 182

附 录 取样点设置和取样方法 / 187

第1章

概　述

1.1　我国污水处理政策

　　我国经济的迅猛发展以及现代化与工业化进程的不断加速，引发了一系列的环境和资源问题。其中，水体污染物对水生生物、人体健康以及生态环境（水体黑臭、湖泊富营养化等）均会产生极其严重的负面影响。此外，随着世界范围内的经济发展与人口增加，严重的水资源短缺已经成为人类必须面对且亟须解决的问题。因此，我国对于污水治理的投入力度和处理要求均在不断提高，污水处理政策也在不断变化，给污水处理行业带来新的机遇和挑战。

　　2015 年 4 月，国务院正式发布实施《水污染防治行动计划》，该计划要求水资源保护地的污水处理厂出水水质达到《城镇污水处理厂污染物排放标准》（GB 18918—2002）一级 A 标准。同年，环境保护部发布修订 GB 18918—2002 的征求意见稿，之后全国多地区多流域均采用严于 GB 18918—2002 一级 A 标准的地方标准（表 1-1），例如，北京、天津、太湖流域（浙江省、苏州市）、岷江沱江流域（四川省）、巢湖流域、雄安地区以及滇池流域等均执行严于一级 A 标准的地方排放标准或者地表水Ⅳ类（或者准Ⅳ类标准）。其中，准Ⅳ类标准指的是污水中常规指标除总氮外均达到地表水Ⅳ类标准（表 1-1）。目前大部分污水处理厂无法满足越发严格的考核标准，因此提标扩建、改造升级势在必行。为满足更严格的化学需氧量（COD）、五日生化需氧量（BOD_5）、总氮（TN）、总磷（TP）、悬浮物（SS）出水标准，污水处理厂会采取在生物池添加填料、延长生化处理流程、采用高效生物处理工艺、新增深度处理单元（如反硝化滤池、生物滤池、高密沉淀池、超滤膜）等方法。

表1-1　各个地域城镇污水处理厂排放地方标准（部分主要指标）

	色度/倍	COD/（mg/L）	BOD$_5$/（mg/L）	NH$_3$-N/（mg/L）	TN/（mg/L）	TP/（mg/L）	SS/（mg/L）
GB 18918—2002 一级 B	30	60	20	8（15）	20	1.5（1.0）	20
GB 18918—2002 一级 A	30	50	10	5（8）	15	1（0.5）	10
北京 DB 11/890—2012 一级 A	10	20	4	1（1.5）	10	0.2	5
天津 DB 12/599—2015 A 标准	10	30	6	1.5（3）	10	0.3	5
GB 3838—2002 Ⅳ类	—	30	6	1.5	1.5	0.3（湖、库 0.1）	—
巢湖流域（工业水小于 50%）	—	40	—	2（3）	10	0.3	—
太湖流域	—	40	—	3（5）	10	0.3	—
滇池流域	—	20	4	1.0	5	0.05	—

注：NH$_3$-N（氨氮）指标括号外数值为水温＞12℃时的控制指标，括号内数值为水温≤12℃时的控制指标。TP 指标括号外数值适用于 2005 年 12 月 31 日前建设的污水处理厂，括号内数值适用于 2006 年 1 月 1 日起建设的污水处理厂。

2019 年我国人均水资源量为 2 200 m³，仅为世界人均水平的 1/4。在全国 669 个城市中，400 余个城市缺水，100 多个城市严重缺水，由此可见我国水资源严重不足。2021 年 1 月，国家发展改革委等十部委联合发布《关于推进污水资源化利用的指导意见》（发改环资〔2021〕13 号），该意见明确指出要加快推动城镇生活污水资源化利用、积极推动工业废水资源化利用并推进农业农村污水资源化利用，到 2025 年实现全国地级及以上缺水城市再生水利用率达到 25%以上，京津冀地区达到 35%以上；到 2035 年形成系统、安全、环保、经济的污水资源化利用格局。2016 年，北京高碑店污水处理厂升级为我国第一座大规模的再生污水处理厂，其再生水量达到 100 万 t/d。根据住房和城乡建设部《2019 年城市建设统计年鉴》，我国的再生水利用量约为 116 亿 t/a，约占污水总量的 21%，但是再生水利用集中在北京、山东、广东等省（市），而缺水的陕西、山西、宁夏、青海、甘肃等省（区）再生水利用量却远远不足。因此，我国仍需继续提升再生水的产量，相关再生水政策的出台将大大促进膜技术在污水技术领域的应用。

人类一系列活动导致温室气体过量排放，引起全球的气候变化。由于全球变暖，我们正在经历热浪、洪水、干旱、森林火灾、生物多样性锐减和海平面上升等一系列灾害性天气气候事件。为应对气候变化，2020 年 9 月 22 日，习近平主席在第七十五届联合国大会一般性辩论上提出，中国二氧化碳排放力争于 2030 年前达到峰值，努力争取 2060 年前实现碳中和。2020 年 10 月，党的十九届五中全会把"碳达峰、碳中和"作为"十四五"规划和 2035 年远景目标。其中，聚焦到污水处理的碳排放量来说，全行业碳排放统计显示，固体废物处理占 3.2%，其中污（废）水处理占 1.3%（图 1-1）[1]。

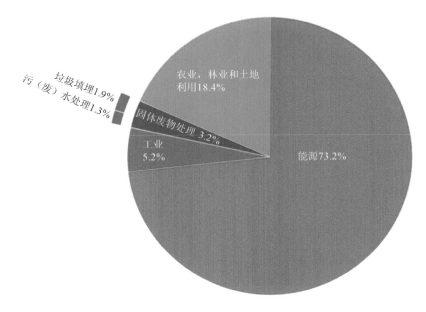

图1-1　各个行业碳排放占比

　　高效可持续的污水处理技术应用（如好氧颗粒污泥技术、厌氧氨氧化技术、短程硝化反硝化技术等）已经被证明能够有效降低污水处理厂建设过程与运营过程中资源和能源消耗，并有效降低碳排放。但是，对于现有的已运行的污水处理厂，普遍存在过量曝气、过量碳源和药剂投加的现象，该现象在出水标准不断提高后更为严重。挖掘污水处理厂潜力是降低污水处理厂碳排放的根本途径。利用生物模型技术进行污水处理厂运营优化，实现污水处理厂潜力挖掘，从而提升处理效率。此外，在生物模型基础上结合先进的自控和智慧化技术可以有效提升污水处理厂运行效率，并大大减少运行中的碳排放。

1.2　我国污水处理厂概况

　　我国的污水处理历史仅有 40 年。直到 1980 年，我国的污水处理设施才开始启动建设，标志性事件为 1984 年天津纪庄子建成了我国第一个大规模应用活性污泥法的污水处理厂，其规模为 26 万 t/d。但是，仅在短短的 40 年间我国的污水处理事业便取得了显著的成绩。根据住房和城乡建设部《2019 年城乡建设统计年鉴》，截至 2019 年 12 月，我国累计城市、县城、镇和乡的市政污水处理能力达到 24 036 万 t/d（其中城市污水处理厂 17 863 万 t/d，占比 74.3%；县城污水处理厂 3 587 万 t/d，占比 14.9%；镇和乡污水处理厂 2 586 万 t/d，占比 10.8%）。其中，我国城市和县城污水处理厂共计 4 140 个（其中城市污水处理厂 2 471 个，县城污水处理厂 1 669 个），镇和乡污水处理厂共计 12 480 个。我国城市和县城污水处理厂数量、处理能力、处理量及处理率变化如图 1-2 和图 1-3 所示，截至 2019 年年底，我国污水处理厂数量自 2000 年以来稳定增加。同时，我国污水处理厂所配套下水道管网系统连接不足，2018 年管网连接率为 90%，导致一些污水处理厂建成后未能正常运行，严重制约了污水处理厂污染物的总去除量。

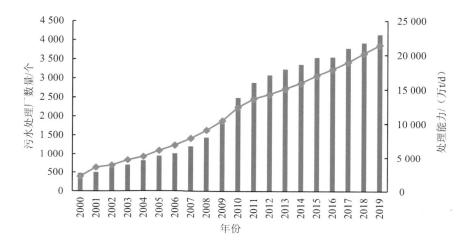

图1-2　2000—2019年我国城市和县城污水处理厂数量及处理能力变化

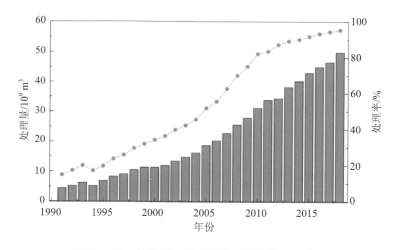

图1-3　国内年度污水处理厂处理量和处理率变化

1.3 我国市政污水水质特征

我国的市政污水普遍具有进水有机质（COD）浓度偏低的特点，如表 1-2 所示，根据 2018 年住房和城乡建设部公布的城乡统计年鉴计算，我国污水处理厂平均 COD 浓度为 257 mg/L，低于澳大利亚、美国、英国、西班牙和荷兰等国家。这主要是与合流制管网（50%以上为合流制）引起的雨水稀释、地下水渗入、化粪池广泛应用、管网安装不完备和低效管理等有关。图 1-4 为 2007—2018 年我国市政污水处理厂主要的 6 种污染物浓度变化情况。由图 1-4 可知，污染物浓度逐年降低，其中 COD 浓度由 2007 年的 264.6 mg/L 降低到 2018 年的 184.4 mg/L，降幅约 30%，2018 年 BOD_5 浓度仅为 76.5 mg/L，相较于 2007 年（113.0 mg/L）降幅约 32%。SS 浓度由 2007 年的 144.1 mg/L 降低到 2018 年的 118.0 mg/L，降幅约 18%。因此，2007—2018 年我国污水处理厂的进水 COD、BOD_5 和 SS 的浓度下降趋势明显，这将势必导致进水的 BOD_5/TN、COD/TP 比例下降，更加不利于生物脱氮和生物除磷反应。

表1-2　国内外市政污水COD浓度比较

国家	COD/（mg/L）
中国	257（全国平均）
澳大利亚	523±77
美国	460±117
英国	450±50
西班牙	263～532 或 252～649
荷兰	339

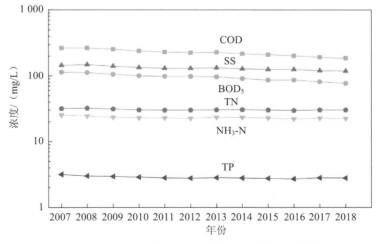

图1-4　2007—2018年我国污水处理厂进水水质变化[2]

为更进一步详细了解我国不同地区污水水质情况，笔者在 2021 年对我国各地区共 138 个污水处理厂进行了调研（表 1-3）。本次调研内容为 138 个污水处理厂自 2020 年 1 月—2021 年 1 月全面进水水质的平均值，以及全年的吨水电耗、药耗情况。按地区划分，东北地区、北方地区、西北地区、西南地区、中部地区、东部地区和南部地区分别为 11 个、48 个、3 个、13 个、29 个、27 个和 7 个。其中，规模最大的为浙江省绍兴市嵊新污水处理厂，处理能力为 22.5 万 t/d；规模最小的为四川省宜宾市屏山县污水处理厂，处理能力为 1.5 万 t/d；处理能力大于 5 万 t/d 的污水处理厂占 60%，处理能力大于 10 万 t/d 的污水处理厂占 34%。在调研的污水处理厂中 62% 采用 A²/O 及其变形的生物处理工艺，少数污水处理厂采用 SBR（或者 CASS、CAST）（13%）和氧化沟处理工艺（25%）[①]。此外，13 个污水处理厂出水执行《城镇污水处理厂污染物排放标准》一级 B 排放标准，1 个出水执行北京 DB 11/890—2012 一级 A 排放，1 个出水执行 GB 3838—2002 Ⅳ类标准，其余均执行《城镇污水处理厂污染物排放标准》一级 A 排放标准。

表1-3　调研的全国138个污水处理厂按地区计算进水水质的平均值

单位：mg/L（pH除外）

地区	COD	BOD$_5$	NH$_3$-N	TN	TP	SS	pH
东北地区	247.73	94.43	19.99	30.21	3.04	140.89	7.39
北方地区	237.60	103.88	27.47	37.27	3.88	158.34	7.57
西北地区	429.37	133.75	20.94	25.21	4.79	536.75	8.40
西南地区	162.30	62.68	18.61	25.30	2.35	105.65	7.09
中部地区	148.55	58.57	15.23	26.40	2.27	133.38	7.41
东部地区	201.18	85.68	19.78	26.06	2.81	120.84	7.34
南部地区	216.28	77.08	23.40	29.00	3.29	147.41	7.05

由表 1-3 可知，北方地区、东北地区和西北地区的进水 COD 浓度明显高于其他地区，中部地区和西南地区的进水 COD 浓度较低。

Lu[3]研究了我国不同地区的市政污水进水水质差别，其认为不同地区的差别主要和降水量、生活饮食结构、管网分流制建设程度等有关。长江以北的地区相较以南的地区普遍 COD 浓度高，这主要是由于南方地区雨量比北方大，导致雨水稀释倍数大。不同地域之间水质特征的巨大差异使得污水处理厂的设计、运行和管理复杂化且难度增大。

---

① A²/O表示厌氧-缺氧-好氧；SBR表示序列间歇式活性污泥法；CASS表示连续进水周期循环活性污泥工艺；CAST表示间歇进水周期循环活性污泥工艺。

进水BOD$_5$与COD的比值（BOD$_5$/COD）是判断污水可生化性的关键指标。通常认为BOD$_5$/COD小于0.30的污水难以生物降解，0.30～0.45的污水可生物降解，大于0.45的污水生物降解性优异。138个污水处理厂的进水BOD$_5$/COD如图1-5所示。整体来说，138个污水处理厂进水BOD$_5$/COD的平均值为0.42±0.09，其中9%的污水处理厂BOD$_5$/COD＜0.3，51%的污水处理厂BOD$_5$/COD为0.30～0.45，40%的污水处理厂BOD$_5$/COD≥0.45。由此可见，我国的市政污水处理厂普遍进水生化性良好，但是相比国外略低。

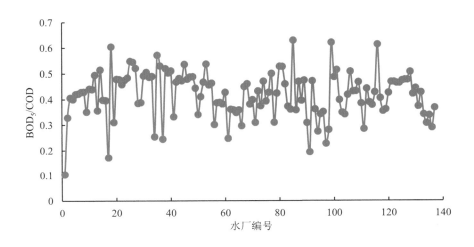

图1-5　调研的全国各地138个污水处理厂的年平均BOD$_5$/COD

进水 BOD$_5$ 与 TN 的比值（BOD$_5$/TN）是判断污水是否满足生物脱氮的关键指标，也由此判断是否需要额外投加商业碳源。通常认为 BOD$_5$/TN 大于 3 的污水具有良好的生物脱氮能力。138 个污水处理厂的进水 BOD$_5$/TN 如图 1-6 所示。整体来说，138 个污水处理厂进水 BOD$_5$/TN 的平均值为 2.95±1.31，其中仅有 37%的污水处理厂的 BOD$_5$/TN 大于 3，其余 63%的污水处理厂 BOD$_5$/TN 小于 3。由此可见，我国的市政污水处理厂进水普遍 BOD$_5$/TN 低，在出水水质要求高的情况下需要额外投加商业碳源。

进水 BOD$_5$ 与 TP 的比值（BOD$_5$/TP）是判断污水是否满足生物除磷的关键指标，也由此判断是否需要额外投加除磷药剂。138 个污水处理厂的进水 BOD$_5$/TP 如图 1-7 所示。大部分污水处理厂进水 BOD$_5$/TP 都在 120 以下。而且由于 BOD$_5$/TN 也较低，加剧了反硝化菌和聚磷菌对碳源的竞争，限制了生化处理单元中生物除磷的性能。由此可见，我国的市政污水处理厂进水普遍 BOD$_5$/TN 低，在出水水质要求高的情况下需要额外投加商业碳源。因此，总体来看进水浓度低、地域性差别大。但是具有可生化性较好，BOD$_5$/TN 低，难以满足生物脱氮的要求，需要添加碳源，进水无机成分高的特点。

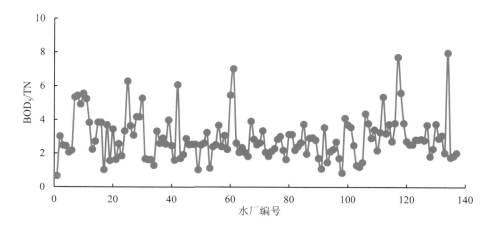

图1-6　调研的全国各地138个污水处理厂的年平均BOD_5/TN

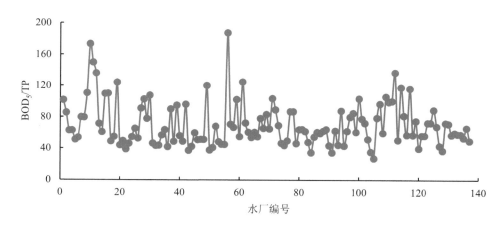

图1-7　调研的全国各地138个污水处理厂的年平均BOD_5/TP

1.4　我国污水处理厂出水情况

2007—2019 年，我国已建成污水处理厂执行的出水水质标准分布如图 1-8 所示，执行《城镇污水处理厂污染物排放标准》（GB 18918—2002）一级 A 出水水质标准的污水处理厂数量增加了近 5 倍。在 2007 年有 574 个污水处理厂执行一级 A 出水水质标准，占已建成污水处理厂总数的 52.4%。到 2019 年，有 2 847 个污水处理厂执行一级 A 出水水质标准，占已建成污水处理厂总数的 53.4%。同时，自 2016 年起，执行高于一级 A 地方标准的污水处理厂数量逐渐增多。

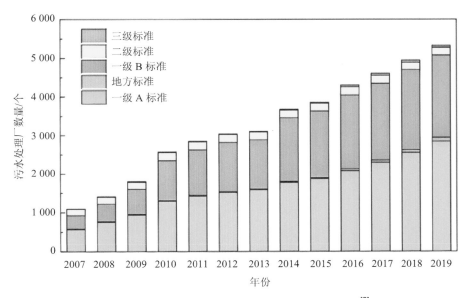

图1-8　我国污水处理厂执行的出水水质标准分布[2]

　　我国污水处理厂详细出水水质情况如图1-9所示。由图1-9可知，污水处理厂处理后出水中的主要污染物（COD、BOD$_5$、SS、NH$_4^+$-N、TN和TP）在2007—2018年逐渐降低，这说明污水处理厂处理能力不断提升，出水水质在不断提高。2007年我国污水处理厂出水平均COD浓度为48.34 mg/L，在2018年降低为21.7 mg/L。且2018年，96%的污水处理厂出水COD浓度低于50 mg/L，达到一级A标准。2007年我国污水处理厂出水平均BOD$_5$浓度为13.45 mg/L，在2018年降低为6.16 mg/L。SS的去除能力也在不断提升，2007年我国污水处理厂出水平均SS浓度为17.32 mg/L，在2018年降低为7.74 mg/L。此外，营养盐的去除也大幅提升，其中出水NH$_4^+$-N浓度和TN浓度反映了污水处理厂脱氮能力。2007年我国污水处理厂出水平均NH$_4^+$-N浓度为7.53 mg/L，到2018年则降低为1.48 mg/L。具体来说，2018年，95.7%的污水处理厂出水NH$_4^+$-N浓度低于5 mg/L，能够达到一级A标准。2007年我国污水处理厂出水平均TN浓度为17.82 mg/L，到2018年则降低为10.2 mg/L。且2018年，94.6%的污水处理厂出水TN浓度低于15 mg/L，能够达到一级A标准。出水TP浓度也逐渐降低，2008年我国污水处理厂出水平均TP浓度为0.99 mg/L，到2018年则降低为0.41 mg/L。2018年，84.6%的污水处理厂出水TP浓度低于0.5 mg/L，能够达到一级A标准。

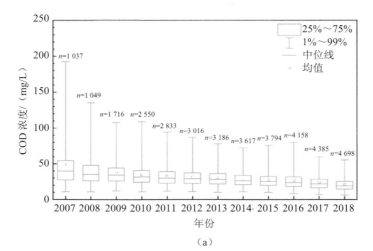

（a）

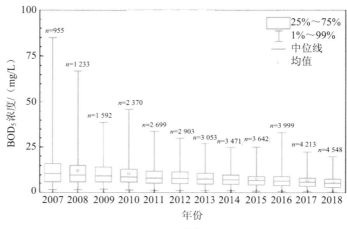

（b）

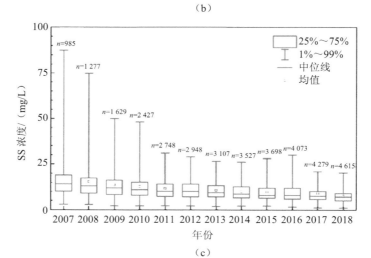

（c）

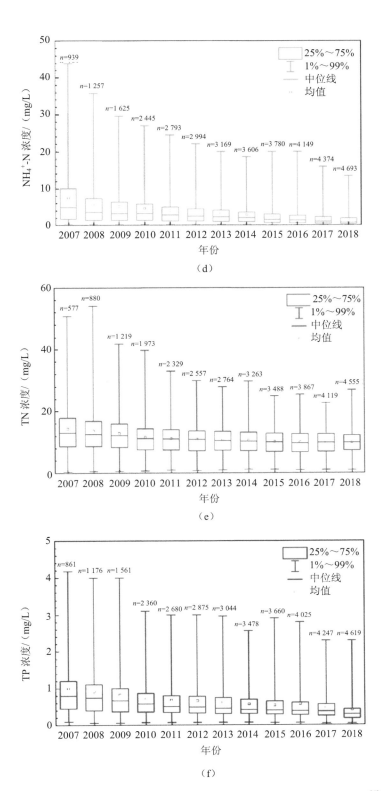

图1-9　2007—2018年我国污水处理厂出水水质随时间变化统计结果[4]

可见，我国污水处理厂污染物的去除能力在不断增强，但是我国仍遗留 40%以上的污水处理厂执行较低的出水标准。Zhang 等[5]指出，东部地区在 2000 年就有超过 80%的污水处理厂执行一级 A 标准，尤其是江苏、浙江、上海和其他经济发达的区域。广州的污水处理厂在 2005 年全面执行一级 A 标准，但是东北地区和北方地区执行一级 A 的比例最低。因此，经济发展水平和污水处理厂出水标准有关。我国仍需进一步努力推进污水处理厂升级改造，增强污染物去除率，使得全国的出水水质达到一级 A 乃至更高的出水水质标准。

在污水处理厂提标方面，污染物去除尤其是 N、P 的去除依旧是目前面临的主要问题。河流、湖泊中的 N、P 浓度过高且超过生态系统处理能力，将会引起藻类以及水生植物等疯长，进而引起水体富营养化、黑臭水体等问题。因此，寻找高效、绿色、低碳、可持续的污染物降解技术，推进全面实现一级 A 出水水质或者更高品质出水，是我国污水处理厂发展的主要技术需求。同时，还需要加快配套管网建设并加强维护、提高行政监察力度保证建成污水处理厂运行起来。

1.5　我国污水处理厂运行能耗和药耗

1.5.1　能耗

根据国家能源局统计，2018 年全国总耗电量为 68 449 亿 kW·h，而 2018 年我国市政污水处理的总耗电量为 197.3 亿 kW·h[5]，约占全国总耗电量的 0.2%。我国的污水处理可以说是一种能源密集型行业[6]。在碳减排的众多方案中，节约电耗相对于新能源（如光伏、核能等）的开发而言投资少、成效快，已成为世界各国在节能方面的主导性方法，要节能，首先要节电。从节电入手来降低成本，可操作性强、周期短、效益高，同时又能精确量化，是排水企业开展节能降耗工作的重中之重。

污水处理能耗包括直接能耗和间接能耗，其中直接能耗为用于提升泵、曝气充氧设备、搅拌器等运行所需要的电能，间接能耗是指如化学除磷、污泥脱水等工序投加的化学药剂以及生活用电等。不同污水处理厂所采用的工艺类型、设备类型、自动化水平等差别较大，这就导致最终吨水电耗以及能耗比例的差异较大。羊寿生等[7]对我国典型污水处理厂二级处理的各个单元进行了电耗比例估算，结果如图 1-10 所示。从图 1-10 中可知，曝气池供氧设备占能耗的比例最大，为 54%。Zhang 等总结了百余个污水处理厂的能耗分析，也认为曝气单元占比最大，为 50%～70%[5]；其次为进水泵单元，因此曝气单元和进水泵单元的能耗节约是污水处理厂能效管理的关键。W F Owen[8]在其专著《污水处理能耗与能效》中分析指出了影响污水处理能耗的关键因素，并以比能耗（kW·h/kg）

表示各处理工艺单元的能耗需求及相应各处理单元的优化配置，让人们意识到污水处理过程中的提升单元和生化处理单元的能耗节约和资源回收问题。

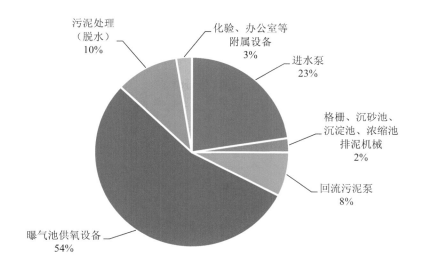

图1-10 我国典型污水处理厂二级处理各个单元过程电耗比例

笔者在对 138 个污水处理厂进水水质调研的同时，也对电耗和药耗情况进行了调研。图 1-11 详细描述了 138 个污水处理厂的年平均吨水电耗量。整体来说，138 个污水处理厂的平均吨水电耗为 0.33 kW·h，这与 Lu 等[3]的报道的结果相一致（图 1-12）。Lu 等发现污水处理厂吨水电耗由 2008 年的 0.25 kW·h 升至 2018 年的 0.319 kW·h，增幅为 27.6%。同时 Lu 等认为能耗的升高是由污水出水水质标准提高、工艺线延长以及设备数量增加所致。在 Lu 等调研的 138 个污水处理厂中有 39%的污水处理厂能耗低于 0.3 kW·h/m³，41% 的污水处理厂能耗为 0.3～0.4 kW·h/m³，16%的污水处理厂能耗为 0.4～0.5 kW·h/m³，能耗大于 0.5 kW·h/m³ 仅占到 12%。在本次调研中发现西北地区、北部地区和东部地区的能耗高于其他地区（表 1-4），这可能是与进水水质高、水温低、设备落后、出水标准高、工艺线长等原因有关。同时，除臭单元的投入使用，尤其是地下污水处理厂会带来较大的能耗增加。在众多污水处理工艺中，MBR、MBBR 等被认为是高能耗的生物处理技术①。文献报道，美国的污水处理厂平均吨水电耗仅为 0.2 kW·h，相比之下我国的污水处理仍然存在很大的节能降耗空间。

在污水处理厂设计阶段，针对进水特征和出水要求，优化工艺设计、曝气头布置以及设备选型，尤其是鼓风机选型对于降低污水处理厂能耗十分关键。在污水处理厂运营阶段，进行曝气分区管理和气量优化调节是进一步降低污水处理厂能耗的关键措施。

----

① MBR表示膜生物反应器，MBBR表示移动床膜生物反应器。

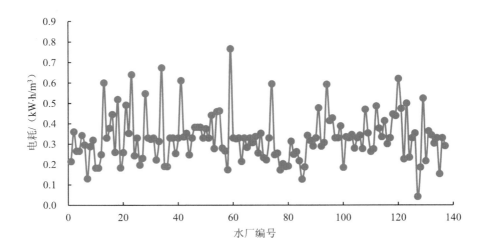

图1-11 调研的全国各地138个污水处理厂的年平均吨水电耗

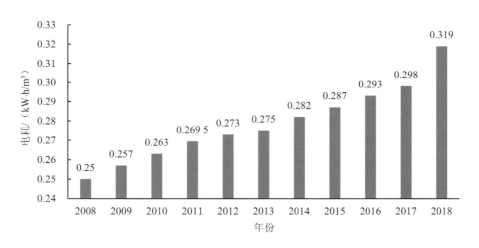

图1-12 调研的全国各地138个污水处理厂的年平均吨水电耗

表1-4 调研的全国138个污水处理厂按地区计算平均吨水电耗

地区	电耗/（kW·h/m³）
东北地区	0.26±0.07
北部地区	0.34±0.13
西北地区	0.47±0.21
西南地区	0.32±0.09
中部地区	0.30±0.10
东部地区	0.35±0.12
南部地区	0.30±0.06

1.5.2 药耗

污水处理厂使用的药剂包括外加商业碳源、除磷药剂、脱水药剂以及消毒剂等。Zhang 等估计药剂成本约占污水处理厂总成本的 10%[5]。根据城市污水信息管理系统统计，2018 年我国约 6%的污水处理厂投加碳源，出水水质标准和药剂投加量关系很大。根据统计结果，一级 A、一级 B 和二级出水标准对应的碳源投加量分别为 23.28 mg/L、18.90 mg/L 和 16.60 mg/L。此外，一级 A、一级 B 和二级出水标准对应平均除磷药剂投加量分别为 2.36 mg/L、2.10 mg/L 和 1.95 mg/L。Zhang 等分析得出污水处理厂的污泥脱水使用的聚丙烯酰胺（PAM）平均投加量为 0.23 kg/t[5]。

在笔者的此次调研中，138 个污水处理厂中有 57 个污水处理厂投加碳源，占比 41.3%，该比例远高于 2018 年城市污水信息管理系统的统计结果。57 个污水处理厂投加的碳源类型包括复合碳源、液体乙酸、液体乙酸钠以及固体乙酸钠等。138 个污水处理厂中 125 个污水处理厂投加除磷药剂，占比 90.6%。125 个污水处理厂投加除磷药剂类型较多，包括硫酸铝、氯化铁、硫酸铁、硫酸亚铁、氯化铝、聚合氯化铝（PAC）、聚合硫酸铁（PFS）、聚合氯化铝铁（PAFC）等。138 个污水处理厂中有 80 个污水处理厂投加次氯酸钠作为消毒剂，占比 58.0%，且吨水投加量为 0.028 5 kg，其余部分污水处理厂采用盐酸和氯化钠制备消毒剂。药剂成本随着水质标准的提高而增加，成为污水处理厂成本的重要部分，在一些污水处理厂，药剂成本已经等于或者高于能耗成本。例如，本次调研中的山西长治某污水处理厂，电耗为 0.17 kW·h/m^3（折合电价为 0.093 5 元/m^3），然而为了达到严格的地方排放标准，需要添加 0.10 kg/m^3 液体乙酸钠作为碳源（折合碳源价格为 0.25 元/m^3），以及投加 0.093 kg/m^3 污水的液体聚合氯化铝铁（折合药剂价格为 0.06 元/m^3）为除磷药剂，该污水处理厂的药剂价格远高于电耗价格。因此，药剂成本管理，涉及生物工艺的调整和管理运行，将是污水处理厂成本管控的难点。

1.6 污水处理厂主要工艺

为满足不断提升的排放标准，污水处理厂面临升级改造的需求。其中，脱氮除磷成为升级改造的核心技术内容。脱氮除磷理论与实践并非新生事物，早在 20 世纪末的欧洲（特别是荷兰）已经十分成熟，以反硝化除磷（DPB）为基础的同步脱氮除磷工艺（BCFS）早已大规模应用于工程实践[1,2]。到 21 世纪，荷兰代尔夫特理工大学又推出了好氧颗粒污泥技术，并实现了世界范围内的工程化应用，以更加高效集约的技术实现污水脱氮除磷和资源化。

我国对脱氮除磷技术应用的时间应该说几乎与欧洲同步，A/O、A^2/O，甚至倒置 A^2/O

等工艺应用从 20 世纪末就已经开始，到目前已经形成了以 A²/O 及其变型（包括五段
Bardenpho 工艺）为主的脱氮除磷工艺。典型的 A²/O 工艺过程如图 1-13 所示。

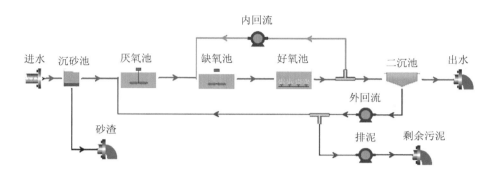

图1-13 A²/O工艺示意图

一般来说，污水经过预处理（包括粗细格栅、沉砂池）后进入二级处理（包括厌氧
池、缺氧池、好氧池和二沉池），而后进入深度处理。笔者在厦门某污水处理厂调研发现，
污水经过曝气沉砂池后，溶解性 COD 组分（采用 0.45 μm 滤膜过滤后滤液的 COD 浓度）
降低了 15%，溶解氧（DO）浓度由 0.4 mg/L 升高到 1.8 mg/L。溶解氧的带入和溶解性
COD 含量的降低均不利于后续的生物除磷以及污水中有效碳源的最大化利用，这无疑将
加剧我国进水水质 C/N 低的问题。

大部分污水处理厂在好氧曝气池阶段并未进行曝气管理，因此经常会出现内回流 DO
浓度特别高的情况，通常高达 4～6 mg/L。高 DO 浓度无疑将会导致碳源的浪费，非常不
利于缺氧池反硝化反应。同时外回流混合物中硝酸根的浓度通常在 10 mg/L 左右，进入
厌氧池后会争夺碳源发生反硝化作用，从而极不利于生物除磷菌的生物释磷反应。

鉴于以上分析，现今的污水处理厂在工艺层面仍存在很多需要优化的地方。这都需
要一个标准的、可量化的、系统的模型工具进行系列情景模拟，实现工艺优化。

1.7 我国污水处理厂面临的机遇和挑战

（1）随着国家系列化生态环境保护政策的提出，出水水质要求逐渐提高。这导致污
水处理厂总电耗、吨水电耗逐年增加，2018 年吨水电耗较 2008 年增加约 30%。此外，药
耗也不断增加，高达 41.3% 的污水处理厂投加昂贵的商业碳源，90.6% 的污水处理厂投加
除磷药剂，甚至在一些污水处理厂，药剂成本已经大于等于能耗成本。这都导致污水处
理厂的运行成本大幅增加，因此，如何优化运行、节能降耗进而降低运行成本是污水处
理厂运行管理的重点。同时，随着国家"双碳"目标的提出，降低污水处理厂碳排放成

为热点话题。首要任务或者说最先要突破的就是从能耗和药耗角度入手，降低碳排放。

（2）我国的市政污水进水呈现 COD 和 BOD_5 逐渐降低的特点，2007 年至 2018 年降低了 30%，然而 TN 和 TP 波动较小，导致我国污水具有进水 C/N 低和 C/P 低的特点。63% 的污水处理厂 BOD_5/TN 小于 3，导致运行过程中脱氮除磷的难度增大。此外，我国污水处理厂出水水质标准逐年提升，但是仍有 40% 的污水处理厂执行较低的出水标准。因此，污水处理厂的污染物去除，尤其是氮和磷的去除依旧是我国目前面临的问题。寻找除投加药剂外，优化或者强化生物处理的方法是我国污水处理厂的发展需求。

（3）近年来，针对传统污水处理工艺的不足，新型低建设投资且高效、低耗运营工艺［如好氧颗粒污泥技术、厌氧氨化技术、短程硝化-反硝化技术、强化生物除磷技术（反硝化除磷技术）等］逐渐成为研究重点。这些对于大规模的污水处理厂新建和改造项目来说有重要的价值。对于已经建成的污水处理厂来说，如何强化处理、深入挖掘潜力实现节能降耗也是重要的研究课题，例如设备能效管理、工艺运行优化、曝气系统管理（精确曝气或者按需曝气）、药剂投加优化等都是重要的举措。

参考文献

[1] Ritchie H，Roser M. Sector by sector：where do global greenhouse gas emissions come from Our World in Data[R/OL]. 2023[2023-10-29]. https：//ourworldindata. org/ghg-emissions-by-sector.

[2] AA X，B Y H W，B Z C，et al. Towards the new era of wastewater treatment of China：Development history，current status，and future directions - Science Direct[J]. Water Cycle，2020，1：80-87.

[3] Lu J Y，Wang X M，Liu H Q，et al. Optimizing operation of municipal wastewater treatment plants in China: The remaining barriers and future implications[J]. Environment International，2019，129：273-278.

[4] Ao Xu，Yinhu Wu，Zhuo Chen，et al. Towards the new era of wastewater treatment of China：Development history，current status，and future directions[J]. Water Cycle，2020，1：80-87.

[5] Zhang J，Shao Y，Wang H，et al. Current Operation State of Wastewater Treatment Plants in Urban China[J]. Environmental Research，2021（1）：110843.

[6] Chu X，Luo L，Wang X，et al. Analysis on current energy consumption of wastewater treatment plants in China[J]. China Water Wastewater，2018，34（7）：70-74.

[7] 羊寿生. 城镇污水处理厂设计要点[J]. 给水排水，2006，32（12）：3.

[8] W F Owen. 污水处理能耗与能效[M]. 北京：能源出版社，1989.

第 2 章

污水处理生物模型技术的价值和发展

2.1 生物模型技术在污水处理全生命周期的价值

污水处理厂完成数字化建模可以带来以下效益：①用数学模型详尽阐述污染物在污水处理厂的降解过程；②评估污水处理厂升级改造方案的可行性；③评估污水处理厂设计的效果；④为污水处理厂运行管理提供决策支持；⑤优化污水处理厂控制策略；⑥提高运行人员技术水平。

在污水处理厂设计运行过程中，通常会使用诸如"变好""变差""更好"等有主观判断的定性评价，这些定性评价缺乏横向评价定量指标，进而无法为污水处理厂运行和科学研究提供帮助。污水处理厂生物建模将抽象的生化过程数据化，得到定量的具体评估结果。此外，建模过程中的数据采集和校验过程可以有效检验污水处理厂日常运行数据的完整性和准确性，这也将督促污水处理厂运行人员提升数据采集和检测的能力水平。因此，建模过程中对污水处理厂信息量化、对数据质量平衡核算和数据矫正，能帮助我们进一步了解污染物降解反应过程，这种对运行过程中存在问题的解析比建模本身更有意义。

生物模型技术可以有效降低新建污水处理厂工艺设计和已运行污水处理厂升级改造的评估成本。模型得出的诸如"运行能耗降低 5%""投资成本节约 5%"等量化分析结果，能帮助运行和决策人员快速做出判断。

生物模型技术还可以为污水处理厂运行提供决策并降低运行风险。通过模型，可以量化分析"假设"情景下的风险。这种量化模式可以有效评估识别可以接受的风险，避免不可接受的风险。例如"进水水量增加 50%会有哪些风险？"这样的运行问题就可以借助模型来解答。

另外，模型可以有效评估反应器扩大规模后，由搅拌、负荷波动等变化带来的风险。在反应器扩大规模后，涉及的微生物生物代谢反应方程或者化学反应方程本质上和反应器外形、大小、材质没有关系，因为微生物并不能直接感受到反应器的差别（如混凝土与钢结构、推流与全混、活性污泥与生物膜等），但是反应器放大过程会带来诸如物质传输、温度、压力等模型要素的改变。

污水处理工程涉及微生物学、生物化学、物理以及机械工程等多个学科。涉及的运行人员、工程师和研究人员使用的语言、表述方式等千差万别。采用模型工具后，可以将不同的表达、理解转为统一结构的量化语言，这将极大利于交流讨论。此外，模型还是培训学习的好工具，例如污水处理厂运行人员可以在不影响实际污水处理厂运行的条件下，在模型中预先了解改变某些参数可能造成的影响。

事实上，如图 2-1 所示，生物建模技术能够在污水处理全生命周期，包括设计、建造、运营和评估 4 个阶段的各个环节发挥作用。实践经验指出，模型应用的阶段越早，带来的价值越多，其原因为：①在初设阶段，模型可以帮助确定适用场景；②模型对各个工艺线的成本量化分析，可以加快决策；③设计阶段包含很多不确定因素，会给设计带来很大的风险，采用模型可以很好地规避该风险，确定安全阈值；④此阶段的模型比较简单，不需要矫正，且设计咨询费中包含建模费的预算。

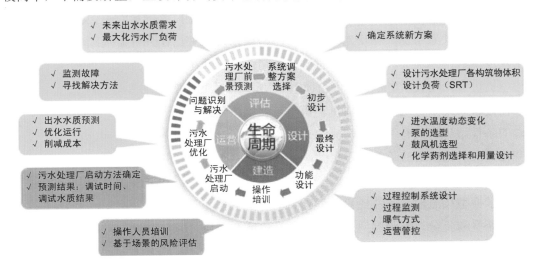

图2-1 生物建模在污水处理全生命周期的应用

在运营阶段的建模具有以下特点：①模型可以降低运行风险；②运营阶段的问题比较复杂；③此阶段需要的建模要求更高，更精确；④此阶段给运营节省的费用最少；⑤此阶段应用模型更大的价值在于降低运行风险。

将模型技术应用于污水处理具有以下优势：①可以降低包括设计阶段在内的成本；②提高管理水平并实现量化控制；③可以优化提升运行水平；④可以有效协助新技术应用，评估新技术应用风险；⑤提高决策效率，降低决策风险。

当然学习和应用模型技术需要建模工程师突破"瓶颈"，主要体现在：①选择一套有效的建模方法和建模工具；②对污水处理厂运营十分了解；③持续学习，终身学习；④多跟同行交流学习，通过平台、会议、论坛等分享自己的建模心得；⑤知识会遗忘，所以要不断地练习，最好有一个案例可以反复练习；⑥对模型有绝对的信心。

2.2 活性污泥模型介绍

所谓的模型是指对现实中某一系统按照一定目标进行的描述，该描述通常是简化的[1]。这也就意味着不可能建立一个详尽模型用于描述污水处理厂的每一个反应、每一个单元、每一种物质的变化。然而，模型的简化也绝非随意进行，而是要严格遵循建模的原则。

2.2.1 模型构建原则

2.2.1.1 经验模型/机理模型

数学模型可分为经验模型和机理模型两种。经验模型是一个典型的"黑箱模型"，不关注系统中物质反应机理和过程。经验模型通过识别由建模者确定的关键参数并建立参数之间的经验关系得出。相反地，机理模型是以系统的理论化分析为基础，加上对生物化学反应过程的描述而获得。由于机理模型是一个对系统的理论分析过程，所以其比经验模型更可靠。经验模型是个"黑箱模型"，所以对模型的使用有着非常严格的要求，要限制在建模时的条件边界内；而机理模型是在理论分析基础上建立的，所以当其超出建模时的条件边界也具有很好的可靠性。污水处理过程的环境条件、进水条件、设备条件等变化很大，难以全部涵盖，因此机理模型更加有应用前景和优势。

2.2.1.2 静态模型/动态模型

数学模型按照输入条件还可以划分为动态模型和静态模型两类。静态模型采用固定的进水流量和负荷，因此模型复杂程度低且更适合于进行设计。动态模型采用随时间变化的进水流量和进水负荷，因此动态模型比静态模型更复杂。动态模型经常用于预测评估某种指标随时间的变化，如某种瞬时进水冲击对出水水质的影响、某种自控参数设置的合理性评估等。因此，动态模型对于参数合理性的要求非常高。动态模型和静态模型是可以互相补充的。动态模型用于识别主要影响因素，缓解消除负面影响，进而帮助确定静态模型的设计方向。

2.2.1.3 时间维度

建立模型首先要确定其时间维度，可以大致分为 3 个层面：静止的、动态的以及稳态的。例如，当研究污水处理厂在一天内的总氮变化，污泥厌氧消化罐作为构筑物，在建立模型时也要考虑进去。但是由于污泥厌氧消化罐中氮元素变化通常以月计，那么从污水处理厂一天内的研究角度来讲,污泥厌氧消化罐就是处于静止的。同时,有些反应非常迅速,如化学除磷通常在几分钟即可完成,因此该反应通常处于稳定或者平衡的状态。然而需要注意的是,这也不是一成不变的,当以年作为研究单位时,厌氧消化罐就变成了动态过程。因此,在建立模型时,首先要根据建模目标确定模型构建的时间维度。

2.2.1.4 空间维度

建立模型首先要确定其空间维度。理论上,污水处理厂的模型是可以把每一平方米都考虑进去,但是这样详细的模型没有工程意义,本质上模型的详细程度要依据建模的目标。生化反应池通常是百米长的级别,但是为了考虑传质和流态问题(尤其是氧传质),有时会在模型中额外进行设定。此外,也可以建立深入微生物絮体内部空间维度的模型,但是对于污水处理厂来说必要性不大。

2.2.1.5 基本要素

概括来说,污水处理厂模型包含 4 种类型:水力学模型、反应器模型、传质模型以及活性污泥模型。其中活性污泥模型可以根据目标设定为不同的细度,如图 2-2 所示。"黑箱模型"是污水处理厂设计最常采用的模型,重点关注污水处理厂进水和出水水质,不涉及污水处理厂实际代谢反应。其中,F/M 比(食微比)也就是污泥负荷,是最常用的设计参数,选择适合的污泥负荷参数是完成一个好的污水处理厂设计的前提。若将此模型进行细化,可将污泥分成硝化菌群、异养菌群、反硝化菌群以及除磷菌,相应地产生了类似于"灰箱模型"的活性污泥模型 ASM1[2]、ASM2[3]以及 ASM2d[4]。更进一步来说,当将微生物胞内代谢途径加入模型,就产生了类似的"白箱模型"。例如 ASM3 和 TU Delft 大学的 EBPR 模型。然而,并不是模型越复杂越深入,就能更好地模拟污水处理厂。在建模时,要结合目的,选择模型类型,才能有好的模拟结果。

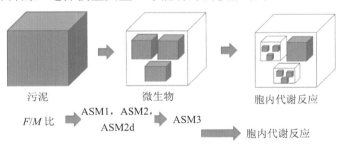

图2-2 活性污泥模型逐渐深入示意图[5]

2.2.2 建模的规则

建模过程有一些基本的规则,总结如下:

(1)切忌盲目建模,模型为目的服务。

（2）要简化，但不能过度简化。

（3）要对自己的模型有理性的评价。

（4）任何模型都有适用范围，要避免过度应用。

2.2.3 活性污泥模型发展

污水处理厂模型的核心是微生物代谢反应部分，也就是活性污泥模型。表 2-1 详述了活性污泥重要模型。国际水协会（International Water Association，IWA）的国际模型小组推出了具有划时代意义的 ASM1 模型。由于 1985 年 ASM1 开始建立时欠缺计算能力，为节省运算时间，采用的 ASM1 仅用一个最简单的衰减过程（溶胞过程）来描述所有的衰减过程。如今计算能力已不再是限制条件，ASM3 介绍了一个更符合实际的衰减过程（内源呼吸），相关速率常数可直接获得并且与化学计量学参数无关。ASM2 由 ASM1 发展而来，它包括描述更多污水和污泥组分的参数。从 ASM1 到 ASM2 的最主要变化是模型包含了细胞内部结构，因此其浓度就不能简单地用分布参数（X_{BM}）来描述，这也为 ASM2 模型中引入生物除磷提供了理论基础。ASM1 对所有颗粒性有机物和活性污泥的总浓度都是基于 COD 来描述的，与此不同的是，ASM2 还包括了作为活性污泥一部分的聚磷酸盐（X_{PHA}）。此外，ASM2 模型还包括两个"化学过程"，用来模拟磷的化学沉淀。ASM2d 是由 ASM2 模型补充发展而来，它增加了两个过程来描述聚磷菌利用细胞内的有机贮存产物进行反硝化的反应。与 ASM2 中假定 PAOs 仅在好氧条件下生长不同，ASM2d 包括反硝化除磷菌，能够用硝酸盐替代氧气进行反硝化除磷反应。ASM3 的复杂性和 ASM1 一样，也包括活性污泥处理系统中的氧消耗、污泥产量、硝化和反硝化作用。虽然不包括生物除磷过程，然而该模型在有机物水解过程基础上增加了有机物贮藏的过程。ASM1 中的易生物降解 COD 必须通过呼吸试验计算，其结果依赖于产率系数（YH）。在 ASM3 中可溶性的 COD 仅由 SI（惰性可溶性有机物）和 SS（易生物降解有机质）组成。该模型中 SS 可占总 COD 的 40%，而在 ASM1 中仅占 10%。使用 ASM3 模型时，修正废水特性仍需开展与呼吸实验，以便确认废水的 SS，从而修正废水特性。ASM3 与 ASM2 的相同之处在于都包括细胞内部的贮藏化合物的过程，因此需要模拟生物体的细胞内部结构。ASM3 的衰减有两种，分别为 XH（异氧菌）和 XSTO（异氧菌的细胞内贮藏物质）的降解反应，涉及 XH、XSTO 分别在有氧和缺氧条件下消亡的 4 个衰减过程的动力学。

表2-1 活性污泥模型发展简述[6]

模型	硝化	反硝化	微生物衰亡	水解	反硝化除磷	强化生物除磷	PAO/PHA 的分解	发酵	化学除磷	反应数量	状态参数
UCTOLD	√	√	DR，Cst	EA						8	13
ASM1	√	√	DR，Cst	EA						8	13
ASM3	√	√	ER，EA	Cst						12	13
UCTPHO	√	√	DR，Cst	EA		√	Cst	√		19	19
ASM2	√	√	DR，Cst	EA		√	Cst	√	√	19	19
ASM2d	√	√	DR，Cst	EA	√	√	Cst	√	√	21	19
B&D	√	√	DR，Cst	EA	√	√	EA	√		36	19
TUDP	√	√	DR，Cst	EA	√	√	EA	√		21	17
ASM3-bioP	√	√	ER，EA	Cst	√	√	EA	√		23	17

注：DR（death regeneration concept），表示死亡-再生理论；EA（electron acceptor depending），表示依赖于电子受体；ER（endogenous respiration concept），表示内源呼吸理论；Cst（not electron acceptor depending），表示不依赖于电子受体。

2.3 模拟环境/软件

初次接触污水处理过程生物建模的工程师一般都会疑惑应该采用哪种软件？目前，污水处理过程生物建模的软件包括加拿大 Envirosim 公司研制的 Biowin^{TM}、加拿大 Hydroamntis 公司研制的 GPS-X^{TM}、德国 ifak 公司研制的 Simba$^®$、法国 DYNAMITA 公司研制的 SUMO^{TM}、比利时 HEMMIS 公司和 DHI 公司合作研制的 WEST$^®$、Matlab/Simulink^{TM} 以及瑞士 Eawag 水科学与技术协会开发的 Aquasim 等。Matlab/Simulink^{TM} 是通用的建模软件，与专用的污水处理建模软件不同，模型工程师需要在软件中编程所需要的模型。而商业软件因其包含模块化组件单元，使得工程师仅需拖拽操作即可搭建污水处理厂模型，从而免去了动力学方程的输入的操作。同时在商业软件中大都同步包含了预处理、污泥处理、三级处理等单元，可以将原有活性污泥模型拓展为全污水处理厂模型。目前，在我国较为广泛应用的商业软件主要是 Biowin^{TM}（www.envirosim.com）、SUMO^{TM}（https：//dynamita.com）以及 WEST$^®$（www.mikepoweredbydhi.com）。商业软件均可在其官网上下载试用版本，以方便工程师了解软件功能。以上 3 种软件均包含了活性污泥模型，即 IWA 推出的机理模型，ASM1、ASM2、ASM2d 以及 ASM3。其中 Biowin^{TM} 软件还植入了 Envirosim 公司自行开发的 ASDM 模型，该模型综合了 ASM1～3 以及厌氧消化模型。此外 WEST$^®$ 模型软件的高级用户通过 MSL 数据库可以实现对模型库的自定义扩展和二次开发。SUMO 软件是唯一一个模型开源模拟软件，具备强大可修正的模型库、丰富的处理单元、先进的模拟功能和多元化的模型工具。3 种商业软件均包含稳态模拟和动态模拟，此外均可进行一定程度的自动控制（如曝气控制）。根据文献报道，3 种软件均能实现较为准确的污水处理厂模拟、预测和优化，仅在界面设置、功能软件等方面略有差别。因此，笔者认为工程师可以根据自己的实际工作需要进行选择，且在使用过程中，尤其是前期建模方法标准化以及培训团队等考量，尽量固化使用一种商业软件。在本书的第 3～5 章的案例中采用了 Biowin^{TM} 软件，这主要是由于笔者更熟悉该软件的使用，且模拟任务只是运营优化，并不涉及自控方案设计或者新工艺模拟需要修正模型。在这种前提下，Biowin 软件的界面友好型最适合初学工艺工程师和运营工程师进行学习。图 2-3 为采用 Biowin 软件建立的一个模型，模型中包含了进水、出水、预处理、生化单元、二沉池、高效沉淀池以及各个管路系统。

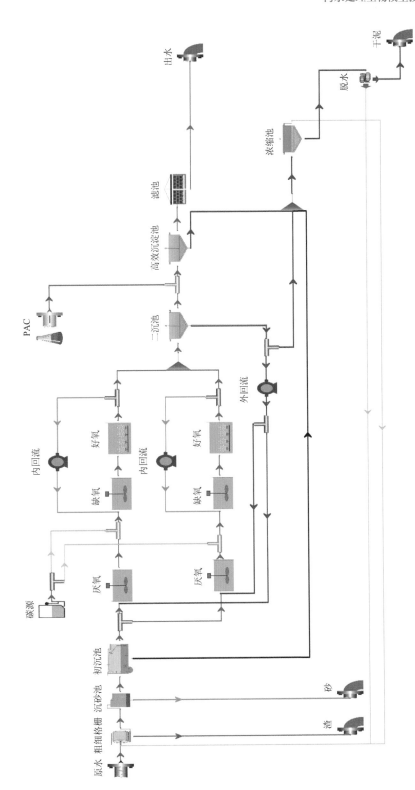

图2-3 基于Biowin5.0建立的污水处理厂全流程模型

2.4 建模协议/导则

基于生物数学模型开展污水处理厂的相关设计、优化等工作的关键因素是建模过程标准化，具体包括方法论、模型以及模拟器等。为了保证建立模型的准确性，污水处理厂生物模型的构建要遵循标准化的步骤，这里称为模型协议。在本书中，污水处理厂模型构建协议分为 7 个步骤，如图 2-4 所示。这些步骤将在后续的章节中进行详细阐述。

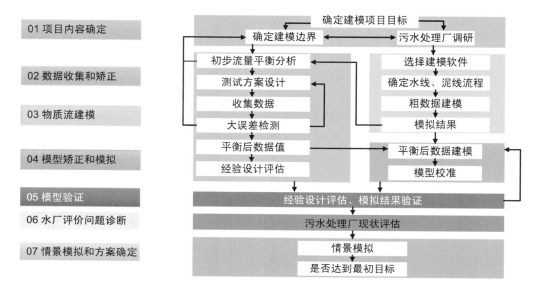

图2-4　污水处理厂模型构建协议主要步骤

STOWA 是荷兰应用水研究基金会的英文缩写，STOWA 模型协议最初是由 Hulsebeek 等[7]提出的，同时也融入了 Roeleveld 和 Meijer 等[8]在进水表征方面的工作。协议公布之后，Meijer 等[9,10]在实际应用过程中又对其进行了一些修正，进而该协议的适用范围从部分生化单元扩展到全部污水处理厂。协议给出了污水处理厂建模所需的逻辑活动流程，如制定建模目标、水厂描述、数据收集、建立模型的流动特性（使用该报告中提出的特定的协议）、模型微调（校准）、使用其他数据集的模型验证。该方法在许多建模研究中得到了应用和验证，是一个公认的良好建模范例。

模型协议能否在应用中发挥价值并被工程师采用，是由其是否容易操作以及跟实际情况的匹配程度决定的。STOWA 模型协议因其污水特征表征方法易操作，有系统模型质量的控制方法，建模流程逻辑缜密全面，在欧洲有广泛应用。其协议中的每一个步骤都旨在建立一种标准化的、可操作的、灵活的且方便实施的方法。

在模型协议中，各个步骤的方法论介绍得十分详细，提供清单和实施方案的同时也对模型的质量控制提供了基础。在该协议中，各个步骤是按照顺序执行的，这是因为信息的获取、分析是依次展开的。例如，先评估进水水量和水质数据，之后评估污泥负荷，获得这两类数据之后才能确定曝气需氧量。因此，在协议中规定了每个步骤的信息要求，按照步骤实现模型构建、矫正和验证。

2.4.1 项目启动

此阶段的主要目标是全面且准确地对项目进行了解，从而确定任务目标并做出计划，该计划包含了时间安排和资金预算。模型的构建要依靠大量的数据，但是历史数据的有效性以及类型通常不满足需求，因此需要大量的额外采样和测试，这会影响计划进度和资金预算。在这一阶段，需要完成污水处理厂尽调，收集设计资料、历史运行数据（进水、出水、运行药耗、电耗等）、运行过程数据（DO、气量等）、设备信息、流量图（将污水处理厂物质流信息进行汇总集中体现，图 2-5）以及照片等数据/资料。总体来说，这个阶段通常持续时间为 4～5 d，主要工作内容概括如下：

（1）确定项目任务目标。

（2）确定分析的污水处理厂各个单元流程边界。

（3）收集项目数据/资料。

（4）编写项目实施计划。

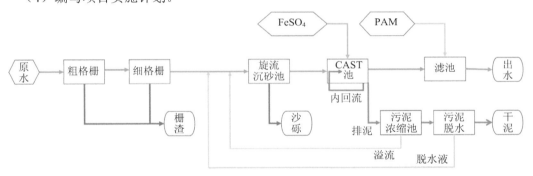

图2-5　流量图

2.4.2 初步模型构建

此阶段的主要目的是对收集的信息和数据有一个初步的分析和判断，确定下一步的工作重点。根据上一个步骤收集的信息，建立一个初步的物质流模型（图 2-6），输入各个单元的基本信息（如池容大小、池体设计、流量数据）以及进水水质数据（此数据可以采用年平均的进水历史数据），对该污水处理厂进行一个初步模拟。该模拟可能精度有限，但是通过这个初步模拟，可以判断物质流模型的准确性和误差大小，为下一步的工作提供依据和方向。总体来说，此阶段会持续 1～2 d 的时间，主要工作内容概括如下：

（1）选择模拟平台和构筑物单元模块。

（2）建立物质流模型。

（3）建立初步模型，数据未清洗，模型未矫正。

（4）判定信息误差最大的环节。

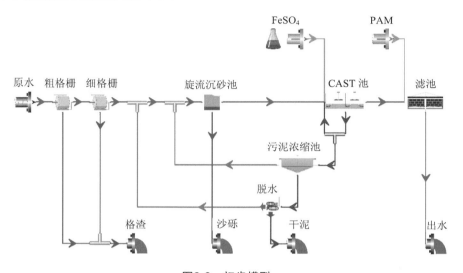

图2-6　初步模型

2.4.3　信息获取和评估

此阶段的主要目的是获得并筛选可靠的污水处理厂数据和信息。因此，数据清洗十分必要。污水处理厂历史数据一般只进行进出水数据的测试分析，缺乏对过程样品的分析，因此需要进行补充测试。图 2-7 所示为一个 CAST[①]工艺污水处理厂的补充测试采样位点，这些测样点更注重过程样品的收集。例如，CAST 池各个区、污泥样品（脱水前后）等。有时为满足模型构建时进水水质特征化需求，有必要补充进水、出水数据。数据清洗包含多个手段（后面章节会进行详细介绍）。这是个非常重要的环节，通过该环节发现数据里的"脏数据"，可以达到多个目的：①保证模型的准确性，提升可信度；②识别污水处理厂运行盲区：运营人员通常会存在一些"想当然"的运营记忆和经验，与实际可能不符合；③设备在长期运行过程中会存在损耗，通过数据清洗分析可以矫正识别。数据清理阶段持续时间会比较长，达 4～6 周，主要工作内容概括如下：

（1）流量平衡分析。

（2）设计补充采样方案。

---

① CAST，表示循环式活性污泥法。

（3）实验室补充测试化验。

（4）收集运营操作数据。

（5）进行物质平衡分析。

（6）数据清洗识别大误差数据。

（7）清洗后数据表汇总。

（8）计算设计参数。

（9）污水处理厂评估报告。

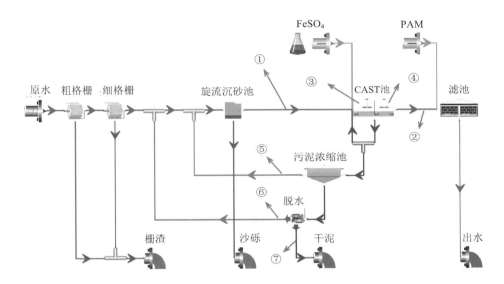

①—进水；②—出水；③、④—生化池；⑤—污泥回流；⑥—脱水回流；⑦—污泥排放

图2-7　补充测试采样位点示意图

2.4.4　模型模拟和矫正

此阶段的目的是通过参数调整使得模拟结果和实际结果尽可能相符。这里面有很多的原则和指导方法，参数调整也需要遵循一定的规则和逻辑。相较于预处理、深度处理单元，生化模型单元模拟矫正难度最大。这个阶段所用时间和建模工程师的水平有关系，对于一个成熟工程师大约 5 d 即可完成，但是刚接触的新手可能需要 2～3 周才能完成同样的工作。主要工作内容概括如下：

（1）输入清洗后数据，搭建模型。

（2）进行稳态模拟。

（3）矫正模型。

（4）编写报告。

2.4.5　模型验证

在成功校准之后，模型还需要进行验证，以实现三方面的价值：①对污水处理厂进行评估；②发现模型与实际不一致的地方，进一步提升模型准确度；③确保模型准确度在可以接受的范围内。首先需要对一些常见的设计参数进行验证，将实际运行数据的计算结果和模型模拟结果相比对。其次，在实际模型基础上用"如果"场景调查进行验证，从不同的监测周期获得足够的数据。通常一组数据用于校准，另一组数据用于验证校准模型的结果。这个阶段通常会持续 2～5 d。

2.4.6　情景模拟

历史数据可以帮助分析已有情景下的运行情况，但是未发生的情景就无能为力了。利用模型可以很好地解决这个问题。例如，增大负荷，修改池容、设备（如鼓风机等）、极端温度、水量冲击等，辅助工程师进行优化决策。这个阶段通常会持续 5～8 d。

总体来说，一个模型服务项目大概持续时间为 1～2.5 个月，具体时间分配比例如图 2-8 所示。显而易见，信息获取和评估所花费的时间最长，占 50%以上。因此，荷兰模型协议将大部分时间用于数据获取和清洗，而不是情景模拟。收集充足的数据，进行数据清洗、质量平衡分析保证数据的有效性以及准确性，在此基础上搭建的模型才能反映真实的污水处理厂状态，解决污水处理厂的问题。

STOWA 模型协议在荷兰水务局的推动下，经过多年的实践，已经逐渐完善且形成了标准化的手册，被工程师广泛用于污水处理厂的设计、运营和升级改造过程中。在本书中，笔者将对 STOWA 建模协议内容进行介绍，同时将建模过程中所需要的理论知识以及在实践过程中的案例进行分享。

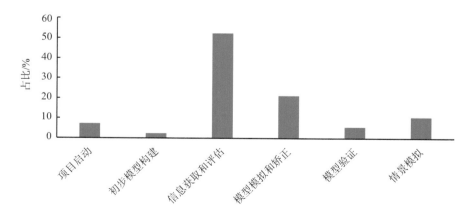

图2-8　建模过程各个环节时间分配比例

参考文献

[1] Wentzel M C，Ekama G A. Principles in the modeling of biological wastewater treatment plants，in Microbial community analysis：The key to the design of biological wastewater treatment systems[M]. IWA Scientific and Technical Report nr. 5，1997.

[2] Henze M，Grady C P L JR，Gujer W，et al. Activated Sludge Model No. 1[M]. IAWQ Scientific and Technical Report No. 1，London，UK，1987.

[3] Henze M，Gujer W，MINO T，et al. Activated Sludge Model No. 2[M]. IWA Scientific and Technical Report No. 3，London，UK，1995.

[4] Mogens H，Willi G，Takahashi M，et al. Activated sludge model No. 2d，ASM2d[J]. Water Science & Technology，1999，39（1）：165-182.

[5] Smolders G J F. A metabolic model of the biological phosphorus removal. Stoichiometry，kinetics and dynamic behaviour[J]. Applied Sciences，1995.

[6] LI T，LI J. The prediction of denitrification efficiency of a wastewater treatment plant by using BP neural network and Markov chain method[J]. Acta Scientiae Circumstantiae，2016，36（2）：576-581.

[7] Hulsbeek J J W，Kruit J，Roeleveld P J，et al. A practical protocol for dynamic modelling of activated sludge systems[J]. Water Science and Technology，2002（6）：45.

[8] Roeleveld P J，Van Loosdrecht M C M. Experience with guidelines for wastewater characterisation in The Netherlands [J]. Wat. Sci. Tech.，2002，45（6）：77-87.

[9] Meijer S C F，Van Der Spoel H，Susanti S，et al. Error diagnostics and data reconciliation for activated sludge modeling using mass balances[J]. Wat.Sci. Tech.，2002，45（6）：145-156.

[10] Meijer S C F. Theoretical and practical aspects of modelling activated sludge processes[J]. Applied Sciences，2004，3：17-20.

第 3 章

进水特征化表述

3.1 污水进水组分

污水中各个组分所占比例的典型参数列于表 3-1。这些参数用于计算污水进水水质的各个组分含量。需要注意的是，这里的组分比例均以 COD 计量。虽然在实际的污水系统中有机负荷是按 BOD 计算的，但是 Biowin 模型中默认是用 COD 来计算进水负荷的，并将这些组分含量的计算值作为模型状态向量。本章进一步介绍从 COD 中计算 BOD 的方法。在进水污水 BOD 和 COD 组分表中，可以指定相关比例的具体值。

表3-1　Biowin中污水中各个组分所占比例典型参数

参数	描述	典型生活污水	典型初沉池出水
F_{BS}	总进水 COD 中快速可生物降解的比例	0.160	0.270
F_{AC}	快速可生物降解的 COD 中 VFAs 的比例	0.150	0.150
F_{XSP}	慢速可生物降解的进水 COD 中颗粒态的比例	0.750	0.500
F_{US}	总进水 COD 中溶解态不可降解的比例	0.050	0.080
F_{UP}	总进水 COD 中颗粒态不可降解的比例	0.130	0.080
F_{NA}	进水凯氏氮中氨氮的比例	0.660	0.750
F_{NOX}	进水可生物降解有机氮中颗粒态的比例	0.500	0.250
F_{NUS}	进水总凯氏氮中溶解态不可生物降解的比例	0.020	0.020
$F_{PO_4^{3-}}$	进水总磷中磷酸盐的比例	0.035	0.035
$F_{UP}N$	进水颗粒态不可生物降解的 COD 中的 N/COD	0.500	0.750
$F_{UP}P$	进水颗粒态不可生物降解的 COD 中的 P/COD	0.011	0.011
FZ_{BH}	进水总 COD 中非多聚态磷的异养微生物比例	0.000 1	0.000 1
FZ_{AOB}	进水总 COD 中氨氧化菌的比例	0.000 1	0.000 1

参数	描述	典型生活污水	典型初沉池出水
FZ_{NOB}	进水总 COD 中亚硝酸盐氧化菌的比例	0.000 1	0.000 1
FZ_{AMOB}	进水总 COD 中厌氧氨氧化菌的比例	0.000 1	0.000 1
FZ_{BP}	进水总 COD 中多聚态磷的异养微生物比例	0.000 1	0.000 1
FZ_{BPA}	进水总 COD 中多聚态磷的异养微生物比例	0.000 1	0.000 1
FZ_{BPA}	进水总 COD 中丙酸乙酸化菌比例	0.000 1	0.000 1
FZ_{BAM}	进水总 COD 中嗜乙酸产甲烷菌的比例	0.000 1	0.000 1
FZ_{BHM}	进水总 COD 中嗜氢产甲烷菌的比例	0.000 1	0.000 1
FZ_{BM}	进水总 COD 中缺氧甲醇菌的比例	0.000 1	0.000 1

关于进水组分划分的技术说明：将组分参数设置为零可能会导致无法找到稳态解。如果输入了表示微生物组分的数值（如 FZ-系列），应注意微生物体内同时含有氮、磷。

Biowin 中的城市污水总 COD（TCOD）可进一步划分为如图 3-1 所示的组分。其具体可以分为溶解性颗粒（S 开头）和胶体颗粒（X 开头）。虚线框表示易于生物降解，点线框表示可以慢速生物降解，实线框表示不可生物降解。

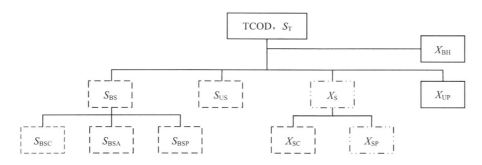

图3-1　城市污水TCOD水质划分

表 3-2 为用于 Biowin 模型中进水水质组分划分的指标，并且给出了欧洲 5 个典型污水处理厂（Belisce、Zagreb、Vinkovci、Varazdin、Cakovec）的参考值。需要额外注意的是：pH、钙、镁、碱度用于描述模型中的 pH 和化学沉淀反应过程。出水过滤后 COD（F_{us}，SI）为当系统污泥停留时间（SRT）>3 d 时的不可生物降解的（惰性）溶解性。进水过滤后 COD_{GF} 是经 1.2 μm 孔径的玻璃纤维膜过滤后测定，其值通常是 TCOD 的 40%。进水过滤后 COD_{MF} 是絮凝后经 0.45 μm 膜过滤，因此 COD_{MF} < COD_{GF}。工程人员测量时需要额外注意以下两点：①测定 BOD 时，需要添加 ATU（硝化抑制剂）以避免氨氮氧化消耗溶解氧。②不能用乙酸错误地代表所有挥发性脂肪酸（VFA）。

表3-2　用于Biowin模型中进水水质组分划分的指标

主要进水指标	符号	单位	Belisce	Zagreb	Vinkovci	Varazdin	Cakovec
流量	Q	m³/d	2 202	331 324	9 760	21 808	8 380
总COD	TCOD，S_T	mg/L	730	419	578	395	495
总凯氏氮	TKN	mg/L	62	58	32	34	28
总磷	TP	mg/L	8.4	4.6	3.3	4.3	3.7
其他进水指标							
硝酸盐氮	NO_3^--N	mg/L	0.0	0.5	0.0	0.6	3.6
pH	pH		7.8	7.8	7.8	7.5	7.8
碱度（CaCO₃计）	Alk	mg/L	450	450	247	350	340
钙	Ca	mg/L	103	103	92	70	100
镁	Mg	mg/L	36	36	41	18	19
溶解氧	DO	mg/L	0.0	1.2	3.1	1.0	0.0
其他模型指标							
出水过滤后COD	$COD_{S,EFF}$	mg/L	25	16	29	22	26
进水（经过1.2 μm滤膜）过滤后COD（包括胶体态）	$COD_{GF,INF}$	mg/L	292	110	210	245	147
进水（经过0.45 μm滤膜）过滤后COD（不包括胶体态）	$COD_{MF,INF}$	mg/L	204	80	186	220	60
进水乙酸	HAc	mg/L	0.0	0.0	1.7	0.0	0.0
进水氨氮	NH_4^+-N	mg/L	31.0	16.8	19.3	10.9	26.2
进水正磷酸盐	$PO_4^{2-}-P$	mg/L	2.5	2.2	2.3	3.0	3.6
进水碳BOD₅	TCBOD	mg/L	281	197	303	155	223
进水过滤后CBOD₅	SCBOD	mg/L	190	66	129	150	85
进水VSS	VSS	mg/L	131	194	272	126	199
进水TSS	TSS	mg/L	184	244	317	151	227
衍生模型组分							
不可生物降解溶解态COD比例	F_{US}		0.03	0.04	0.05	0.06	0.05
非胶体态的颗粒COD	COD_p	mg/L	438	309	368	150	348
易生物降解COD，含VFA	F_{BS}	mg/L	0.25	0.15	0.27	0.50	0.07
易生物降解COD中乙酸比例	F_{AC}		0.00	0.00	0.01	0.00	0.00
总凯氏氮中氨氮比例	F_{NA}		0.50	0.29	0.60	0.32	0.93
总磷中磷酸盐的比例	$F_{PO_4^{2-}}$		0.30	0.48	0.71	0.71	0.96
TCOD与BOD₅之比	TCOD/BOD₅		2.60	1.13	1.91	2.54	2.22
颗粒态（不包括胶体态）COD与VSS之比	F_{CV}		3.34	1.60	1.35	1.19	1.75
TSS中灰分	ISS	mg/L	53	50	46	25	28

3.2 利用水质测量值计算进水生化组分

将进水分解为不同组分，才能进行生物模型计算。因此，为了便于模型的计算，引入了几种进水组分比例参数（表 3-1）。下面将概述这些参数，包括它们与实际分析测量值的关系。

3.2.1 生物COD组分的计算

对于 SRT＞3 d 的生化系统，进水中的不可生物降解 COD（S_{US}）是基于溶解性（玻璃纤维膜过滤）COD 的出水测量值得出的，用于表征 S_{US}（部分参数含义见表 3-3）。

表3-3　Biowin中的典型的进水组分比例参数

参数	描述
b	内源衰减速率常数（约 0.24 d^{-1}）
BOD_E	内源呼吸的生化需氧量
BOD_S	可溶性生化需氧量
BOD_{XSP}	颗粒态慢速降解的生化需氧量
BOD_{XBH}	具有活性生物的生化需氧量
BOD_T	总生化需氧量
f	内源性残留的活性物质的比例
k	XSP 降解一级速率常数（约 0.40 d^{-1}）
MOG	利用可溶解性基质生长的耗氧量
MOE	内源呼吸耗氧量
OUR	耗氧速率
OURE	内源呼吸耗氧速率
OURG	利用基质耗氧速率
S_{BS}	溶解性可生物降解 COD 浓度
S_{BAS}	溶解性可生物降解挥发性有机酸 COD 浓度
S_{BSP}	溶解性可生物降解丙酸 COD 浓度
S_{BMETH}	溶解性可生物降解甲醇 COD 浓度
S_{BSC}	溶解性可生物降解复杂 COD 浓度
S_S	溶解性可生物降解 COD 浓度
X_{UP}	颗粒态不可生物降解 COD 浓度

参数	描述
S_{US}	溶解性不可生物降解 COD 浓度
S_T	总 COD 浓度
t	时间
X_{BH}	活性有机体浓度（7 种微生物总浓度）
X_{BHD}	零时刻活性微生物浓度
X_S	慢速可生物降解 COD 浓度
X_{SC}	慢速可生物降解胶体态 COD 浓度
X_{SP}	慢速可生物降解颗粒态 COD 浓度
X_{SPO}	零时刻慢速可生物降解颗粒态 COD 浓度
Y	活性微生物产率（约 0.666）

$$S_{US}=COD_{S,EFF}=COD_{GF,EFF} \tag{3.1}$$

即不可生物降解溶解性 COD 比例参数的计算公式为

$$F_{US}=\frac{S_{US}}{TCOD}=\frac{COD_{GF,EFF}}{TCOD_{INF}} \tag{3.2}$$

溶解性 COD 表示为 COD_S，即所有溶解性 COD 分数之和。可利用玻璃纤维膜过滤后的 COD 测出：

$$COD_S = S_{BSA} + S_{BSP} + S_{BSC} + X_{SC} + S_{US} = COD_{GF,INF} \tag{3.3}$$

颗粒状（非胶体）COD（COD_p 或 COD_X）是颗粒状（非胶态）COD、惰性微粒（不可生物降解的 COD）及进水中的活性微生物量（X_{BH}）之和，其中 X_{BH} 通常假设为零，由：

$$COD_X = X_{SP} + X_{UP} + X_{BH} \approx X_{SP} + X_{UP} \tag{3.4}$$

COD_X 的计算方法是将 TCOD 和溶解性 COD（COD_S）相减，该 COD_S 是根据 1.2 μm 玻璃纤维膜过滤后的 COD 测量值计算得到的。

$$COD_X=TCOD-COD_S=COD_{INF}-COD_{GF,INF} \tag{3.5}$$

用 COD_{MF} 表示不含胶体的溶解性 COD，用膜过滤法测定：

$$COD_{MF} = S_{BSA} + S_{BSP} + S_{BSC} + S_{US} = COD_{MF,INF} \tag{3.6}$$

根据 0.45 μm 膜过滤后的 COD_{MF} 的测量值，计算出快速生物降解的总溶解性 COD（醋酸酯、丙酸和复合溶解性 COD 的总量，但不包括慢速降解的胶体态 COD）：

$$S_{BS} = S_{BSA} + S_{BSP} + S_{BSC} = COD_{MF} - S_{US} = COD_{MF,INF} - COD_{GF,EFF} \tag{3.7}$$

溶解性易降解 COD 的比例由以下公式计算：

$$F_{BS} = \frac{S_{BS}}{TCOD} = \frac{S_{BSA} + S_{BSP} + S_{BSC}}{TCOD} = \frac{COD_{MF,INF} - COD_{GF,EFF}}{TCOD_{INF}} \quad (3.8)$$

用 VFA 直接测量进水醋酸盐（+丙酸盐）：

$$S_{BSA} + S_{BSP} = VFA_{INF} \quad (3.9)$$

快速生物降解的 COD（乙酸-COD）的组分比例参数计算如下：

$$F_{AC} = \frac{S_{BSA}}{S_{BS}} = \frac{S_{BSA}}{S_{BSA} + S_{BSP} + S_{BSC}} = \frac{VFA_{INF}}{COD_{MF,INF} - COD_{GF,EFF}} \quad (3.10)$$

1.2 μm 玻璃纤维膜过滤 COD 与 0.45 μm 膜过滤 COD 的差值即胶体 COD，为

$$X_{SC} = COD_S - COD_{MF} = COD_{GF,INF} - COD_{MF,INF} \quad (3.11)$$

复杂溶解性 COD_{SBS} 是由测量而得：

$$S_{BSC} = COD_{MF} - S_{BSA} - S_{BSP} - S_{US} = COD_{GF,INF} - VFA_{INF} - COD_{GF,EFF} \quad (3.12)$$

总溶解性的可生物降解 COD（SS）是由乙酸盐、丙酸盐、复杂溶解性 COD 和胶体态 COD（进水甲醇假设为零）组成：

$$S_S = S_{BSA} + S_{BSP} + S_{BSC} + X_{SC} \quad (3.13)$$

然后可根据以下方法计算：

$$S_S = COD_S - S_{US} = COD_{GF,INF} - COD_{GF,EFF} \quad (3.14)$$

图 3-2 显示了城市污水中可生物降解 COD（S_S）的组成部分。Biowin 中 SS 的表示法不应与 IAWQ 表示法混淆，IAWQ 表示法中的 SS 等于 Biowin SBS。

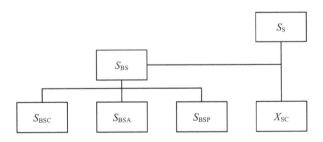

图3-2 城市污水溶解性可生物降解COD（S_S）

注：通过玻璃纤维膜过滤测量，包括所有溶解性成分和胶体成分。蓝色部分是溶解性成分，绿色部分属于胶体成分。

最后需要计算的两个进水组分与固体颗粒有关：颗粒态可生物降解 COD 和不可生物降解 COD 可根据式（3.15）计算：

$$COD_X = X_{SP} + S_{UP} + X_{BH} \approx X_{SP} + S_{UP} \quad (3.15)$$

这些分数是根据进水中 BOD 的测量值来估算的，本章将对此进行解释：

$$F_{XPS} = \frac{X_{SP}}{X_{SC} + X_{SP}} \qquad (3.16)$$

Biowin 中对进水中慢速可生物降解 COD（颗粒状）组分的标签参数是：

$$VSS = TSS - ISS$$

VSS 通常是根据工业标准规格的测量方法来计算的，我们给出了进水颗粒（非胶体）态 COD_X 与 VSS 的比：

$$F_{CV} = \frac{COD_X}{VSS} = \frac{TCOD - COD_X}{VSS} = \frac{TCOD_{INF} - TCOD_{GF,INF}}{VSS} \qquad (3.17)$$

3.2.2 Biowin氮和磷的计算

$$NH_3 = F_{NA} \times TKN \qquad (3.18)$$

氮的组成如下：

溶解性不可生物降解的有机氮：

$$N_{US} = F_{NUS} \times TKN \qquad (3.19)$$

进水中的有机氮含量是各种微生物浓度及其各自的氮组分的乘积之和，即

$$Organisms, N = \sum Zb_x - f_{N,Zb_x} \qquad (3.20)$$

不可生物降解的颗粒态氮：

$$X_{IN} = F_{UP,N} \times F_{UP,N} \times TCOD \qquad (3.21)$$

剩下的有机氮被分解成颗粒态和溶解态。颗粒态可生物降解有机氮：

$$X_{ON} = (TKN - NH_3 - N_{US} - X_{IN} - Organisms, N) \times F_{NOX} \qquad (3.22)$$

溶解态可生物降解有机氮：

$$N_{OS} = (TKN - NH_3 - N_{US} - X_{IN} - Organisms, N) \times (1 - F_{NOX}) \qquad (3.23)$$

同样，对进水磷组分的解释如下。溶解性磷酸盐：

$$PO_4 = F_{PO_4} \times TP \qquad (3.24)$$

进水有机物的磷含量是由各有机物浓度及其各自磷含量的乘积之和，即

$$Organisms, P = \sum Zb_x - f_{P,Zb_x} \qquad (3.25)$$

不可生物降解的颗粒态磷：

$$X_{IN} = F_{UP,P} \times F_{UP} \times TCOD \qquad (3.26)$$

其余颗粒态可生物降解有机磷：

$$X_{OP} = TP - PO_4 - X_{IP} - Organisms, P \qquad (3.27)$$

3.3 Biowin BOD计算

化学需氧量是 Biowin 模型中分析有机组分的基本参数。然而，Biowin 还可以计算任意进水、过程单元或出水中的溶解性（过滤）和总碳生化需氧量（BOD）。用户可以以任意运行时间（如 5 d、7 d 或 20 d）来计算 BOD。

根据不同组分的降解速率不同，可计算出 BOD［如进水可生物降解组分（快速和较缓慢的可生物降解组分）、活性污泥有机质（因内源呼吸消耗氧气产生的 BOD）］。本质上来说，Biowin 是利用解析方程来估算 BOD。

本书的目的是演示 Biowin 在计算过滤后和总 BOD 浓度时所使用的方法，并展示这些方程的推导过程。Biowin 模型定义了丙酸盐、胶体（玻璃纤维膜过滤）和颗粒状组分的附加组分。请注意，SS 在 Biowin 和 IAWQ 模型中的含义不同（Biowin 包含了 IAWQ 模型没有的胶体组分）。BOD 的计算方法整体分为 3 个部分，对每个部分的 BOD 进行独立计算。计算原则如下：

（1）BOD 与溶解性 COD（同时包括快速生物降解和缓慢降解胶体部分）和生物质利用有关。

（2）BOD 与利用慢速生物降解的颗粒态 COD 及由此产生的生物量有关。

（3）原水样中存在的活性污泥生物量产生的 BOD，这是最初的生物量；不是（1）和（2）中提到的利用 COD 产生的生物量。

模拟软件可以为任何主流、侧流或处理单元中的 S_{BSC}、S_{BSA}、X_{SC}、X_{SP} 和 X_{BH} 提供计算值。在计算进水的 BOD 浓度时，根据用户提供的进水组分（或默认值）来计算适当的浓度。

3.3.1 与溶解态可生物降解COD（SS）有关的BOD

在 BOD 计算中，"溶解态"可生物降解 COD（SS）可以被认为是可快速生物降解的 COD（甲醇通常为零）和可生物降解胶体态 COD（X_{SC}）之和。

$$S_S = S_{BSC} + S_{BSA} + S_{BSP} + S_{BMEtH} + X_{SC} \tag{3.28}$$

这类物质的氧化速度很快，为方便计算，假定该氧化过程是瞬间发生的（在 $t=0$ 时）。假设溶解态可生物降解的 COD 被迅速氧化形成新的细胞：

$$S_S \rightarrow X_{BH,0} = Y \cdot S_S \quad (t=0) \tag{3.29}$$

形成新细胞过程消耗的有机物的化学需氧量 MOG：

$$MOG = (1-Y) \cdot S_S \tag{3.30}$$

假设由内源性衰变引起的生物浓度的变化率与活性生物浓度呈一级反应关系，则可

以得到活性微生物浓度的表达式，即

$$\frac{\mathrm{d}X_{\mathrm{BH}}}{\mathrm{d}t} = -b \cdot X_{\mathrm{BH}} \tag{3.31}$$

因此，

$$X_{\mathrm{BH}} = X_{\mathrm{BH},0} \cdot \mathrm{e}^{-b \cdot t} \tag{3.32}$$

利用 SS 生长的生物体因内源性代谢作用产生的 BOD 可以采用以下任何一种计算方法。

3.3.2　内源代谢所产生的BOD：方法1

根据式（3.28）和式（3.32），可以计算出 t 时间内生物体的内源损失：

$$\Delta X_{\mathrm{BH}} = X_{\mathrm{BH},0} - X_{\mathrm{BH}} = X_{\mathrm{BH},0} \cdot (1 - \mathrm{e}^{-b \cdot t}) = Y \cdot S_{\mathrm{S}} \cdot (1 - \mathrm{e}^{-b \cdot t}) \tag{3.33}$$

内源性代谢所消耗的氧：

$$\mathrm{MOE} = (1 - f) \cdot \Delta X_{\mathrm{BH}} = (1 - f) \cdot Y \cdot S_{\mathrm{S}} \cdot (1 - \mathrm{e}^{-b \cdot t}) \tag{3.34}$$

等同于由内源呼吸产生的 BOD，即

$$\mathrm{BOD}_{\mathrm{E}} = (1 - f) \cdot X_{\mathrm{BH},0} \cdot (1 - \mathrm{e}^{-b \cdot t}) = (1 - f) \cdot Y \cdot S_{\mathrm{S}} \cdot (1 - \mathrm{e}^{-b \cdot t}) \tag{3.35}$$

溶解性 BOD 可以通过对式（2.3）和式（2.8）求和来计算，即

$$\mathrm{BOD_S} = \mathrm{MOG} + \mathrm{MOE} = (1 - Y) \cdot S_{\mathrm{S}} + (1 - f) \cdot Y \cdot S_{\mathrm{S}} \cdot (1 - \mathrm{e}^{-b \cdot t}) \tag{3.36}$$

3.3.3　内源代谢所产生的BOD：方法2

内源代谢引起的 OUR 也可能与活性生物体浓度的变化速率有关（考虑到活性物质的一部分变成内源性残留物），即

$$\mathrm{OUR_E} = -(1 - f) \cdot \frac{\mathrm{d}X_{\mathrm{BH}}}{\mathrm{d}t} = b \cdot (1 - f) \cdot X_{\mathrm{BH}} = b \cdot (1 - f) \cdot X_{\mathrm{BH},0} \cdot \mathrm{e}^{-b \cdot t} \tag{3.37}$$

由内源衰减产生的 BOD 等于随着时间的推移消耗的氧的积累量，即

$$\mathrm{BOD_E} = \int_0^t \mathrm{OUR_E} \mathrm{d}t = b \cdot (1 - f) \cdot X_{\mathrm{BH},0} \cdot \int_0^t \mathrm{e}^{-b \cdot t} \mathrm{d}t =$$

$$= b \cdot (1 - f) \cdot X_{\mathrm{BH},0} \cdot \left(-\frac{1}{b} \cdot \mathrm{e}^{-b \cdot t}\right) + C = -(1 - f) \cdot X_{\mathrm{BH},0} \cdot \mathrm{e}^{-b \cdot t} + C \tag{3.38}$$

因为在 $t=0$ 时刻，$\mathrm{BOD_E}=0$，有：

$$C = (1 - f) \cdot X_{\mathrm{BH},0}$$

将 $X_{\mathrm{BH},0}$ 的表达式代入上述表达式，可得到由内源呼吸产生的 BOD 表达式：

$$\mathrm{BOD_E} = -(1 - f) \cdot X_{\mathrm{BH},0} \cdot \mathrm{e}^{-b \cdot t} + (1 - f) \cdot X_{\mathrm{BH},0}$$

$$= (1 - f) \cdot X_{\mathrm{BH},0} \cdot (1 - \mathrm{e}^{-b \cdot t}) = (1 - f) \cdot Y \cdot S_{\mathrm{S}} \cdot (1 - \mathrm{e}^{-b \cdot t}) \tag{3.39}$$

这与方法 1 中式（3.35）得到的表达式相同。总溶解态 BOD 部分由式（3.36）给出。

$$BOD_S = MOG + MOE = (1-Y) \cdot S_S + (1-f) \cdot Y \cdot S_S \cdot (1 - e^{-b \cdot t}) \tag{3.40}$$

3.3.4　与慢速可生物降解的颗粒态COD（X_{SP}）有关的BOD

可通过消耗 X_{SP} 所需的氧的累积量和生物体的内源呼吸作用，计算出与慢速可生物降解的颗粒态物质相关的 BOD。OUR 为这两个组分之和：

$$OUR = OUR_G + OUR_E = (1-Y) \cdot \frac{-dX_{SP}}{dt} + (1-f) \cdot \frac{-dX_{BH}}{dt}$$

$$= (1-Y) \cdot \frac{-dX_{SP}}{dt} + (1-f) \cdot b \cdot X_{BH} \tag{3.41}$$

慢速可生物降解的颗粒态基质浓度的变化速率与基质浓度呈一级反应关系，即

$$\frac{dX_{SP}}{dt} = -k \cdot X_{SP}$$

因此，

$$X_{SP} = X_{SP,0} \cdot e^{-k \cdot t} \tag{3.42}$$

通过对 X_{BH} 变化速率的表达式进行积分，得到了式（3.42）的微生物浓度。这一比率是由微生物基于 X_{SP} 的增长量减去内源呼吸的损失量的结果。

$$\frac{dX_{BH}}{dt} = Y \cdot \frac{-dS_{SP}}{dt} - b \cdot X_{BH} \tag{3.43}$$

将式（3.42）代入上述结果得到 X_{BH} 随时间的线性微分方程，即

$$\frac{dX_{BH}}{dt} = -Y \cdot \frac{-dS_{SP}}{dt} - b \cdot X_{BH} = -Y \cdot \frac{d}{dt}\left(X_{SP,0} \cdot e^{-k \cdot t}\right) - b \cdot X_{BH}$$

$$= k \cdot Y \cdot X_{SP,0} \cdot e^{-k \cdot t} - b \cdot X_{BH} \tag{3.44}$$

可以用 e^{bt} 的积分因子来求解微分方程。方程两边同时乘以 e^{bt} 会得到一个简化的表达式：

$$\frac{dX_{BH}}{dt} + b \cdot X_{BH} = k \cdot Y \cdot X_{SP,0} \cdot e^{-k \cdot t} \tag{3.45}$$

$$e^{b \cdot t} \cdot \frac{dX_{BH}}{dt} + e^{b \cdot t} \cdot b \cdot X_{BH} = e^{b \cdot t} \cdot k \cdot Y \cdot X_{SP,0} \cdot e^{-k \cdot t} \frac{d}{dt}\left(e^{b \cdot t} \cdot X_{BH}\right)$$

$$= k \cdot Y \cdot X_{SP,0} \cdot e^{(b-k) \cdot t} \tag{3.46}$$

对式（3.46）的两边积分：

$$\left(e^{b \cdot t} \cdot X_{BH}\right) = \int k \cdot Y \cdot X_{SP,0} \cdot e^{(b-k) \cdot t} \cdot dt \left(e^{b \cdot t} \cdot X_{BH}\right) = \frac{k \cdot Y \cdot X_{SP,0}}{b-k} \cdot e^{(b-k) \cdot t} + C \cdot X_{BH}$$

$$= \frac{k \cdot Y \cdot X_{SP,0}}{b-k} \cdot e^{-k \cdot t} + C \cdot e^{-b \cdot t} \tag{3.47}$$

当 t=0，X_{BH}=X_{BHD}，因此解出 C。

$$X_{BH} = \frac{k \cdot Y \cdot X_{SP,0}}{b-k} \cdot e^{-k \cdot t} + \left(X_{BH,0} - \frac{k \cdot Y \cdot X_{SP,0}}{b-k}\right) \cdot e^{-b \cdot t} \tag{3.48}$$

代入式（3.41）求解氧气利用率，积分式（3.49）为慢速可生物降解组分的表达式，也就是时间的函数。

$$\text{OUR} = (1-Y) \cdot \frac{-dX_{SP}}{dt} + (1-f) \cdot b \cdot X_{BH} = (1-Y) \cdot \frac{-dX_{SP}}{dt} + (1-f) b \cdot X_{BH}$$

$$= (1-Y) \cdot k \cdot X_{SP} + (1-f) \cdot b \cdot X_{BH}$$

$$= (1-Y) \cdot k \cdot X_{SP,0} \cdot e^{-k \cdot t} + (1-f) \cdot b \cdot \left[\left(\frac{k \cdot Y \cdot X_{SP,0}}{b-k}\right) \cdot e^{-k \cdot t} + \left(X_{BH,0} - \frac{k \cdot Y \cdot X_{SP,0}}{b-k}\right) \cdot e^{-b \cdot t}\right] \tag{3.49}$$

假设 $X_{BH,0}$=0 并重新整理上面的表达式：

$$\text{BOD}_{XSP} = X_{SP,0} \cdot \left\{\left[(1-Y) + \frac{(1-f) \cdot b \cdot Y}{b-k}\right] \cdot \left(1 - e^{-k \cdot t}\right) - \left[\frac{(1-f) \cdot b \cdot Y}{b-k}\right] \cdot \left(1 - e^{-b \cdot t}\right)\right\} \tag{3.50}$$

$$\text{BOD}_{XSP} = \int_0^t \text{OUR} \cdot dt = \int_0^t (1-Y) \cdot k \cdot X_{SP,0} \cdot e^{-k \cdot t} + (1-f) \cdot b \cdot$$

$$\left[\left(\frac{k \cdot Y \cdot X_{SP,0}}{b-k}\right) \cdot e^{-k \cdot t} + \left(X_{BH,0} - \frac{k \cdot Y \cdot X_{SP,0}}{b-k}\right) \cdot e^{-b \cdot t}\right] \cdot dt$$

总生化需氧量（如果没有微生物量存在）是 BOD_S 和 BOD_{XSP} 的总和：

$$\text{BOD}_T = X_{SP,0} \cdot \left[\left((1-Y) + \frac{(1-f) \cdot b \cdot Y}{b-k}\right) \cdot \left(1 - e^{-k \cdot t}\right) - \left(\frac{(1-f) \cdot b \cdot Y}{b-k}\right) \cdot \left(1 - e^{-b \cdot t}\right)\right] +$$

$$(1-Y) \cdot S_S + (1-f) \cdot Y \cdot S_S \cdot \left(1 - e^{-b \cdot t}\right) \tag{3.51}$$

3.4　BOD计算实例

下面示例演示了一个具有以下特征的进水 BOD 的计算过程，表 3-4 为通过实例计算验证 Biowin 生化需氧量的计算方法。

表3-4　通过实例计算验证Biowin生化需氧量的计算方法

符号	值	描述
S_T	500	总进水 COD（mg/L）
F_{US}	0.10	总进水中不可生物降解溶解性 COD 比例
F_{UP}	0.08	总进水中不可生物降解颗粒态 COD 比例
F_{BS}	0.20	总进水中可生物降解 COD 比例
F_{XBH}	0.00	总进水中活性有机体 COD 比例
F_{XSP}	0.75	颗粒态慢速可生物降解 COD 比例

注：Biowin 中的组分分别表示为标准（f）和大写（F）。

利用进水组分计算进水"溶解性"浓度和缓慢生物降解浓度：

$$S_{BS} = F_{BS} \cdot S_T \tag{3.52}$$

根据表 3-4：

$$S_{BS} = 0.2 \times 500 = 100\,\text{mg/L}$$

$$X_S = \left(1 - F_{US} - F_{UP} - F_{BS} - F_{XBH}\right) \cdot S_T \tag{3.53}$$

$$X_S = (1 - 0.1 - 0.08 - 0.2 - 0) \times 500 = 310\,\text{mg/L}$$

$$X_{SC} = (1 - F_{XPS}) \cdot X_S \tag{3.54}$$

$$X_{SP} = F_{XPS} \cdot X_S \tag{3.55}$$

$$X_{SC} = (1 - 0.75) \times 310 = 77.5\,\text{mg/L}$$

$$S_S = S_{BS} + X_S \tag{3.56}$$

$$X_{SP} = 0.75 \times 310 = 232.5\,\text{mg/L}$$

$$S_S = 100 + 77.5 = 177.5\,\text{mg/L}$$

可用表 3-5 列出的参数计算溶解性 BOD（BOD_S）。

表3-5　Biowin BOD模型参数的实例计算

符号	值	描述
f	0.20	内源性残留的活性物质的比例
Y	0.67	活性有机体产率
b	0.24	内源衰减速率常数（$\approx 0.24\,\text{d}^{-1}$）
k	0.40	XSP 降解一级速率常数（$\approx 0.40\,\text{d}^{-1}$）

注：f 和 b 的参数值表示内源呼吸，不应该与模拟生物量衰减的生物溶胞方法中使用的术语混淆。时间因素以 BOD_S（$t=5\,\text{d}$）为基础。

$$\mathrm{BOD_S} = (1-Y) \cdot S_\mathrm{S} + (1-f) \cdot Y \cdot S_\mathrm{S} \cdot (1-e^{-b \cdot t}) \tag{3.57}$$

$$\mathrm{BOD_S} = (1-0.666) \times 177.5 + (1-0.2) \times 0.666 \times 177.5 \times \left[1-e^{(-0.24 \times 5)}\right] = 125.4\,\mathrm{mg/L}$$

同样，可以计算出缓慢降解的 BOD：

$$\mathrm{BOD_{XSP}} = X_\mathrm{SP} \left\{ \left[(1-Y) + \frac{(1-f) \cdot b \cdot Y}{b-k} \right] \cdot \left[1-e^{-k \cdot t}\right] - \left[\frac{(1-f) \cdot k \cdot Y}{b-k} \right] \cdot \left[1-e^{-b \cdot t}\right] \right\} \tag{3.58}$$

$$\mathrm{BOD_{XSP}} = 232.5 \times \left\{ \left[(1-0.666) + \frac{(1-0.2) \times 0.24 \times 0.666}{0.24-0.4} \right] \cdot \left[1-e^{(-0.4 \times 5)}\right] - \right.$$

$$\left. \left[\frac{(1-0.2) \times 0.4 \times 0.666}{0.24-0.4} \right] \cdot \left[1-e^{(-0.24 \times 5)}\right] \right\}$$

$$= 122.9\,\mathrm{mg/L}$$

在这个例子中，活性生物体的分量为零。

3.5　出水BOD

了解污水生化需氧量有助于量化污水处理厂排放对接收水体的影响，而且往往与监管指标和排放标准有关。目前，Biowin 提供了许多关于污水处理厂输出流（和内部流）中可生物降解成分的信息。因此，可以十分容易地量化可溶性 BOD 和总 BOD（可溶 BOD+颗粒 BOD）。在 Biowin 中，这一计算是基于不同组分的不同降解率，例如，未降解的进水可生物降解基质（快速和缓慢生物降解），导致内源性溶解氧消耗并积累 BOD 的活性污泥等。实际上，Biowin 模拟了特定天数和污水组成的 BOD 测试。相比基于 BOD 参数模型的结果，其可以估算的 BOD 数值更精确。

3.6　重要建模参数COD和BOD

与 BOD 和 TOC 相比，选择 COD 作为量化水中有机物"强度"参数的优点是，它为描述活性污泥提供了一套统一的标准。Marais 和 Dold[1]概述了将作为 COD 适当参数的基本原理。因为选择 COD 参数对模型的应用至关重要，因此有必要简要回顾一下这个基本原理。简言之，COD 的适宜性是通过考虑有机底物的利用来确定的。在代谢过程中，有机底物为生物提供了两种功能，具体如图 3-3 箭头所示。

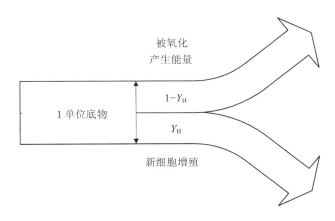

图3-3　异养生物利用底物的示意图

注：图示为产生能量而氧化的底物与新细胞团的分裂增殖。

（1）为维持现有细胞状态（渗透压、离子平衡、膜电位等），一部分有机物质被氧化成二氧化碳和水，给下文（2）的稳态平衡提供能量。电子通过电子传递链从有机底物转移到终端氧气或硝酸盐等电子受体的过程提供能量。通常在活性污泥系统中遇到的底物限制条件下，生物会利用相对固定的一部分氧化能量进行能量消耗反应。

（2）剩余部分有机物质利用过程（1）中可用的能量转化为新的异养细胞质。

对于（1）和（2）之间分配的相对比例，用称作比产量的比率进行量化：

$$Y_H = \frac{\text{cell mass formed}}{\text{substrate utilized}} \tag{3.59}$$

从理论上考虑，在平衡生长条件下，依照可在可生物降解的有机基质中转移的每个电子产生的生物质量计算，比生长速率应该接近常数。这一点由大量纯培养和混合培养的异养生物的实验得到证明。因此，如果能够测量活性污泥系统进水中有机物（由广泛的化合物组成）基质的供电子电势，就有可能量化（从 Y_H 得到的）污泥产量和需氧量［从（$1-Y_H$）计算］。这个量化结果为选择 COD 为参数提供了理论基础。

通过 COD 试验可以测定有机物的给电子能力。在实验中，每摩尔氧气（O_2）接受 4 个电子当量（e-eq），因此，化学需氧量是电子释放电势的直接测量指标。底物的电子当量（COD）、单位底物（COD）微生物的近恒定产率、单位底物（COD）代谢所需的氧之间的联系，使 COD 成为活性污泥分析的基本参数。促使选择 COD 为参数的另一个因素是物料平衡可以用 COD 来表示。由于电子不能产生或破坏，在稳定状态下运行的生物系统中，单位时间内随进水进入的 COD 质量必须等于：①排出污水的 COD 质量，②剩余污泥的 COD，③有机物质利用过程中消耗的氧气（或氧气当量）的总和，也就是说，存在物料平衡。

COD 是衡量污水"强度"的指标，而 BOD 或 TOC 的参数不能描述其特性。BOD 只测量用于产生能量的基质中 e-eq 的部分，不包括转化为新细胞的基质 e-eq 部分。因此，BOD 不能作为物料平衡的基础。TOC 的不足之处在于有机化合物之间的碳/e-eq 比值不同，因此在处理进入污水处理厂的混合基质时，TOC 不是一个合适的参数。因此，用户必须使用 COD 来衡量进水浓度，但是，模型可以评估任何的进水、过程单元和分流中的溶解性和总 BOD。因此，用户需要设定 BOD 的具体参数（BOD_5、BOD_7 或 BOD_{20}）。

3.7 Biowin进水表征的实例结果

基于本书提出的进水表征方法，对 5 个污水处理厂模型设计案例的进水进行计算。表 3-6 显示了 Biowin 模型中进水 COD、N、P 和 TSS 的不同组分。

表3-6 Biowin模型分量用于进水表征的计算

	单位	Belisce	Cakovec	Varazdin	Vinkovci	Zagrab
F_{BS}	g/g	0.248	0.070	0.506	0.275	0.157
F_{AC}	g/g	0.000	0.000	0.000	0.011	0.000
F_{XSP}	g/g	0.680	0.750	0.150	0.935	0.880
F_{US}	g/g	0.032	0.052	0.052	0.047	0.035
F_{UP}	g/g	0.350	0.190	0.390	0.047	0.225
F_{NA}	g/g	0.500	0.931	0.322	0.599	0.290
F_{NOX}	g/g	0.720	0.810	0.442	0.678	0.809
F_{NUS}	g/g	0.000	0.010	0.020	0.010	0.010
$F_{UP}N$	g/g	0.000	0.001	0.069	0.005	0.068
$F_{PO_4^{2-}}$	g/g	0.300	0.960	0.706	0.710	0.483
$F_{UP}P$	g/g	0.000	0.001	0.006	0.001	0.002
FZ_{BH}	g/g	0.001	0.001	0.001	0.001	0.001
FZ_{BM}	g/g	0.001	0.001	0.001	0.001	0.001
FZ_{AOB}	g/g	0.001	0.001	0.001	0.001	0.001
FZ_{NOB}	g/g	0.001	0.001	0.001	0.001	0.001
FZ_{AMOB}	g/g	0.001	0.001	0.001	0.001	0.001
FZ_{BP}	g/g	0.001	0.001	0.001	0.001	0.001
FZ_{BPA}	g/g	0.001	0.001	0.001	0.001	0.001
FZ_{BAM}	g/g	0.001	0.001	0.001	0.001	0.001
FZ_{BHM}	g/g	0.001	0.001	0.001	0.001	0.001

参考文献

[1]　Dold P L，Ekama G A，Van G R M .Ageneral model for the activated sludge process[J]. Progress in Water Technology，1981，12（6）：47-77. DOI：10.1016/B978-1-4832-8438-5.50010-8.

第 4 章

污水处理厂数据库构建

4.1 简介

在污水处理厂初步评估（数据库阶段）阶段，需要收集关于污水处理厂历史、建设和运营等资料。这些资料通常包含尚未完全验证的污水处理厂原始信息。从最初的污水处理厂评估开始，可以计划后续调研，以收集更详细的信息；也可以与污水处理厂运行人员和管理人员进行面谈，以了解可能需要额外测量哪些参数或者补充哪些数据。收集这类清单上的数据往往是启动建模研究的第一步。资料包含从不同来源获得的未验证原始数据，因此相关信息可能包含错误或者冲突的数据。

在评估原始数据后，可以选择性保留使用选定的部分历史数据，此时要么关注典型周期内的污水处理厂运行效果，要么只专注于最具代表性的完整的数据集进行研究——也代表污水处理厂长期的最佳平均运行效果。所以，进一步设计计算和建模设计研究并不能全部利用上数据库阶段收集的信息，这完全取决于研究的目的和收集数据的质量。在报告中介绍原始数据时，应该提到这一点，因此应该要清楚地标明原始（指示性）数据。

通常最终用于设计计算的数据来源不同，需要检查一致性。为此，可以使用不同的错误校准和数据协调方法。本书的其他部分介绍了通用方法。建模与改造研究是校核设计输入数据一致性的检验点。设计研究的最终目标是将描述污水处理厂性能的数学模型与现场收集的信息和测量结果相匹配。如果出现数学模型和实际结果无法对应的情况，这很可能是由错误的工艺描述、错误的工艺布局（工艺流程图-PFD）、错误的水力系统描述、不准确的分析程序或不充分的采样协议而导致的。在实践中，这些问题很有可能发生，因此首先进行污水处理厂运营评估可以确定实际运营方式的不足，这也是为什么经常需要解决从模型研究中显而易见的污水处理厂信息中出现的空白值，以便在合理的误差范围内让模型与现实的拟合。这通常也是基于合理的推理和专家的判断进行的。为了正确地进行这种评估，在数据库阶段收集的信息可以用来支持设计论证中必要的估计和假设。因此，在数据库阶段收集的数据通常是污水处理厂研究其余部分信息的重要来源，应该注意和谨慎地收集，始终牢记建模的特殊目的。从更广泛的项目角度来看，数据库阶段在建模协议中具有重要作用，它提供了早期项目概述和设计信息的质量和可用性的总体概览。此外，它还用于规划之后步骤的数据采集，并为污水处理厂优化升级的设计研究提供帮助。因此，数据库是建模方法的第一步，目的是收集和筛选、评估、过滤对污水处理厂建模和设计有用的信息。

下面列出了在污水处理厂数据库中收集的典型信息。不同项目之间的信息会因其目标差异而有所不同。本章给出了在这种运用中应该收集的典型信息的一般概述，可作为污水处理厂模型设计和改造升级研究的标准规范。

4.2 一般信息

数据库阶段应该从收集一般项目和联系信息开始。表 4-1、图 4-1 给出了一个总结示例。

表4-1 典型数据库数据：联系方式

	公司名称：
	联系人姓名：
	职能：
公司联系方式	邮箱地址：
	电话：
	办公地址：
	来访地址：
	WWTP 名称：
	联系人姓名：
	职能：
WWTP 联系方式	邮箱地址：
	电话：
	WWTP 来访地址：
顾问访问日期	日期时间：
地理信息	卫星和区域位置概述：
	地图坐标：

图4-1 住宅区、污水处理厂和受纳水体的位置信息

注：污水处理厂在箭头指示处。

4.3 收集信息参考

在收集信息时，对所有的信息源和参考文献都要进行系统性存储和整理。参考文献可以包括所有相关信息：出版日期、出版物或报告名称、刊物的名称来源，或报告等口头信息，联系人的名称来源，会议的时间和性质（如污水处理厂调研、电话采访中，电子邮件等）。参考信息还应该可以快速追溯（通过信息源/参考），以确保信息的质量控制，并可能在稍后阶段重现（验证）收集的信息。典型的信息源有：

（1）档案（如执行机构，公司数据存储）；

（2）技术问卷（如本报告所示）；

（3）运行人员和污水处理厂厂长的采访记录（口头信息）；

（4）调研档案资料；

（5）照片（如在污水处理厂数据库调研期间拍摄）；

（6）公共信息（发表在出版物、互联网、报纸等方面的信息）；

（7）技术研究和报告；

（8）污水处理厂原始设计文件。

4.4 污水处理厂历史信息的一般性描述

为了更好地了解目前污水处理厂运行情况，污水处理厂历史运行资料可以使我们更深入地了解目前运行情况和处理单元的典型功能。通常，这些信息可以从口头交流、设计报告和现场调研中获得。为了更好地理解当前的运行情况，可以简要地描述从运行投产到调研期间的一系列变化。一般的历史信息可以包括：

（1）设计和操作的不同阶段（计划）；

（2）污水处理厂处理量变化（人口当量和进水流量）；

（3）污水排放标准的变化（最大允许排放浓度）；

（4）新建、重建或删掉的处理单元；

（5）关于污水处理厂设计和建筑公司的信息；

（6）关于排水系统历史状况的信息；

（7）工业和旅游活动的变化；

（8）进水成分或流量的变化（水质和水量）；

（9）在运行过程中出现的运行问题；

（10）任何其他相关信息。

4.5　关于法规和监督的信息

在数据库阶段，收集有关国家和地方污水排放法规和监管系统的监测和排放标准的信息。可包括下列资料：

（1）有关污水参数及最高允许排放浓度一览表；

（2）要求的测量频率（如每日或每周）和方法（如瞬时样或 24 h 混合样）；

（3）其他必需的监管措施（例如进水、污泥生产、处置等）；

（4）官方发布的监管文件；

（5）负责水质和出水排放监管机构的联系信息；

（6）负责管理污水处理厂测量的实验室联系信息；

（7）负责污水处理厂日常分析的实验室联系方式。

4.6　关于污水处理厂受纳水体的信息

根据污水处理厂出水排放对受纳水体的环境影响，通常对受纳水体进行等级划分。受纳水体的分类决定了污水处理厂出水排放标准。应注意的是，在某些情况下，接纳水体不仅是海洋或河流，还包括水库、湖泊或池塘。这些受纳水体可能因国家或环境法规不同而形成不同的划分等级。

4.7 关于下水道排水系统的信息

深入了解下水道系统和污水的来源（也称为原始污水）有助于确定和预测原始污水的水质和水量。因此，需要收集关于下水道网的资料。关于下水道系统的必要信息主要包括：

（1）以 GIS 为基础的污水处理系统地图；

（2）污水管网类型（例如合流或分流的雨水排放、沟渠、压力或重力运输干线）；

（3）污水管道的数量及长度（估计长度）；

（4）社区（社区名称）和家庭成员人数（人口当量）；

（5）工业排放及污染当量（人口当量）；

（6）农村和家庭覆盖率（占总覆盖率的百分比）；

（7）污水收集范围（居民总收集人数的百分比）；

（8）污水溢流点（旁道）；

（9）生活用水及工业排放量（人口当量）；

（10）抽水泵站位置；

（11）关于污水管道的状态、材质和运营问题等信息；

（12）合流制污水收集管道的数量及位置；

（13）地下水入渗；

（14）其他相关信息。

除了这些信息，通常也需要收集下水道管网的设计。在污水处理优化研究中需要以下典型设计信息：

（1）平均和最大的污水抽运能力（m^3/h），也表示泵的最大容量（POC）；

（2）雨水集水区面积（m^2）；

（3）污水储存能力（降水量或 m^3）；

（4）风暴气象报告和平均降水量；

（5）在适用的情况下，雪况和空气温度能够估算出冰雪融化的产生的水；

（6）任何其他相关信息。

4.8 工业废水排放信息

对于那些工业源污水较多的污水处理厂（如工业水源超过 30% 的污水处理厂），或者在城市污水处理厂中接收成分复杂的工业废水，都很有必要深入了解工业废水类型。了解工业废水排放的特点有助于理解在污水处理厂的进水口典型混合进水的水质和水量。季节性的工业活动，如加工农产品和旅游业，以及批量生产的工业活动（如清洁等），可在季节、一周或一天内造成进水波动。因此需要列出工业废水排放的主要来源，以及工业废水的名称和类型，然后对污水的水量和类型进行估算（定量和定性分析）。通常情况下，仅仅了解一般类型的工业活动（如食品加工、木材加工、污水处理等），就能对其排放的工业废水的水量和水质有一个大致的概念。在此过程中，需要确认该行业是否有一个独立的污水处理设施（工业废水预处理）。如果有，那么就能获得该污水处理设施的运营数据，包括运行效果、出水水质和水量。如果这些数据并非现成，可以从历史数据中查阅相关数据，同时需要掌握一些该行业相关知识以进行初步评估（行业规模、工艺类型、产量、产品种类、水和污水回用情况、倒班安排等）。

4.9　运行数据总结

在数据调研阶段，获取进水和出水水质数据可以使我们对污水处理厂的运行效果有大概了解（主要关注的是污水处理厂的处理效率）。根据记录的进水和出水水质数据，可以对污水处理厂运行效率进行评估。一般是以污染物降解率（进水比出水污染物）表示。表 4-2 提供了一个克罗地亚污水处理厂调研数据。表 4-3 描述了用于评估的水质指标（一般是国家标准要求的参数）：总悬浮固体（TSS）、化学需氧量（COD）或五日生化需氧量（BOD_5）、总氮（TN）和总磷（TP）。

表4-2　原始污水处理厂调研数据示例：进水流量数据（来自克罗地亚的一个污水处理厂）

项目	设计流量	生活污水	工业废水
ADWF（每天）	22 080 m³/d	2 880 m³/d	19 200 m³/d
ADWF（每小时）	920 m³/h	120 m³/h	800 m³/h
PDWF（每天）	23 200 m³/d	3 960 m³/d	19 200 m³/d
PDWF（每小时）	965 m³/h	150 m³/h	800 m³/h
总污泥产量	600 m³/h	70 m³/h	530 m³/h

注：ADWF，干燥天气下平均流量；PDWF，干燥天气下峰值流量。

同样地，正确地引用所提供的数据并指出数据的时间段是非常重要的。数据来源描述得越好，用户对它的信心就越大。

表4-3　原始污水处理厂调研数据示例：进水水质数据（来自克罗地亚的一个污水处理厂）

进水水质	设计值	生活污水	工业废水
BOD_5	600 mg/L	249 mg/L	889 mg/L
COD	3 000 mg/l	390 mg/L	346 mg
TSS	200 mg/L	242 mg	224 mg
TN	—	—	18 mg/L
TP	—	10 mg/L	4 mg/L

4.10　污水处理厂的一般分类

通常，设计项目从污水处理厂关于污水处理水平（和采取的工艺）的分类开始。这类信息一般在介绍设计的简报中，使我们对整个系统有一个大致的了解。这种分类一般是根据污水处理厂出水排放法规、目前的排放规定及当地规划对污水排放标准的限制（表 4-4）。

表4-4　一般污水处理厂分类示例：对克罗地亚的一个污水处理厂的排放水质的评估

参数	MAC [1]	设计值	2010 测量值 [2]
BOD_5	250 mg/L	20 mg/L	138 mg/L
COD	700 mg/l	—	357 mg
TSS	10 mg/L	20 mg	259 mg
TN	—	—	7 mg/L
TP	250 mg/L	20 mg/L	4 mg/L

注：（1）MAC：法规中允许排放的最大浓度。（2）加权平均值。

其次，污水处理工艺可以根据所使用的处理水平进行分类。因此，在克罗地亚的例子中，通常使用下列分类（图 4-2）：

（1）预处理，利用筛分方式去除原污水中比重较大的颗粒物质（主要是砂）和浮动物质（油脂、油和脂肪）；

（2）一级处理，通过机械/物理方法部分去除部分悬浮固体或有机物；

（3）二级处理，在一级处理的基础上，用生物法去除一级处理中剩余有机物并进行硝化作用；

（4）三级处理，继续去除悬浮物和有机物，除氮（生物硝化和反硝化作用）和除磷（生物或化学）；

（5）最终处理（污水深度处理），通过物理或化学技术，如砂滤或膜过滤，进一步去除污染物。另外，也可在最后处理阶段使用臭氧或氯化物消毒。

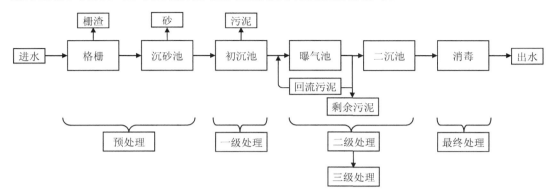

图4-2 污水处理过程示意图

根据工艺的分类，可以对运行状况进行快速预览。包括以下 5 个方面：

（1）设计能力；

（2）进水浓度和负荷（测量定量和定性指标）；

（3）处理效率（占进水污染负荷的百分比）；

（4）出水水质；

（5）根据规定的出水标准评估出水水质。

在此基础上，根据污水处理厂的实际运行情况，验证并进一步明确设计项目的目标。因此，仿真模型的边界条件也可以得到表述和进一步细化。应该回答的问题类型如：这个模型应该包括三级处理吗？这个模型应该包括污泥处理吗？污水处理厂超负荷了吗？设计研究需要考虑污水处理厂扩容吗？污水处理厂是否负荷不足？当前的工艺单元是否需要进行调整优化？表 4-5 便是一个克罗地亚污水处理厂的例子。

表4-5 一般污水处理厂分类示例：负荷去除效率评估（来自克罗地亚的污水处理厂）

参数	去除率（进水与出水）/%
BOD_5	85
COD	85
TSS	82
TN	70
TP	61

4.11 污水处理厂运行历史

我们通过记录污水处理厂运营经验来完善数据库数据。然而通常在操作过程中会出现一系列实际问题，这些问题在对设备进行建模时很有意义。此外，污水处理厂需要定期维护，一些处理单元需要暂停。在大多数处理设施中都会有维护记录。在调研初期，应该通过采访相关运行人员来建立这样的记录，相关变化会影响工艺运行，进而可能影响设计研究。收集数据中任何有关污水处理厂异常时期的数据都应该被检查。

典型的操作问题有：

（1）污水处理厂超载或工艺装置容量不足；

（2）污泥脱水造成反应器内 TSS 和 N、P 负荷高；

（3）水量波动导致污水处理厂超负荷和低负荷；

（4）污泥膨胀问题（通常是季节性的）；

（5）沉淀池污泥上浮；

（6）工艺单元的泥沙堆积；

（7）进水毒性（pH 冲击、油或汽油）；

（8）工业排放的典型问题（纤维、脂肪、盐等）；

（9）进水峰值负荷（风暴事件及附带峰值负荷）；

（10）生物反应池形成泡沫；

（11）混合器不能正常工作，导致污泥在池中沉淀；

（12）在线测量设备不正常或校准不正确；

（13）泵停止工作；

（14）离心机或污泥脱水故障；

（15）曝气装置的维护或故障；

（16）气味（通常是有机物厌氧消化的结果）；

（17）噪声；

（18）污水渗入造成进水稀释。

4.12　结论

很明显，从现有的信息和数据质量的角度来看，初步数据收集是评估污水处理厂现状及其是否适合建模目的一个极其重要的步骤。这一阶段的结果将在很大程度上决定项目需要的投资和工作量，以获取满足进行建模研究和实现研究目标所需的数据。获得可信和可靠的污水处理厂信息是成功建模研究的绝对先决条件。

第5章

污水处理厂技术描述

5.1 简介

在建模设计方案中，最好制作一个完整的污水处理厂调研清单，包括污水的初级、一级、二级和三级处理以及污泥处理、储存和处置的所有工艺单元，即使其只是整个污水处理厂的一部分。为有效评估污水处理厂的性能和工艺单元，制定完整的技术概要是十分必要的。例如，在设计活性污泥系统时，是否或如何采用一级处理对于生化处理阶段的进水水质有很大的影响。本书将提出了一种基于对污水和污泥处理过程中不同功能系统的识别及其相互作用的方法。通过该方法，可以将不同工艺单元组合并作为一个子系统来研究。这可以大大简化污水处理厂评估过程，还可以减少需要收集的数据量，从而节省时间和金钱。

5.2 构筑工艺单元的分类

在第一个清单中最好列出生化处理过程中涉及的所有工艺单元。本章提供了最常见的工艺单元列表，可以作为污水处理厂数据库的技术清单。污水处理厂一般分为 4 部分，即预处理、初级处理、污水处理线和污泥处理线。

预处理涉及原污水的机械处理过程。一般情况下，机械处理这一步骤只能去除较大的物体、碎屑、砂子和油脂，而污水的生化组成不变。模型计算中往往不包括预处理。

初级处理通常与初沉池和污泥浓缩池一起作为一个单独的子系统进行研究。初沉效果对污泥处理线（初沉池的水质和水量）和污水处理线（沉淀后的进水的水质）的影响很大。模拟初沉过程往往是困难而且不准确。在许多情况下，我们都会假定一个初沉池的平均沉降去除率。但由于 COD 和 TSS（有时 N 和 P）的去除率有很大变化，因此建议直接采集检测初沉后的出水水质，而不是依靠模型计算来确定沉降后的出水水质。我们能够在任何一个污水处理手册中找到初沉池去除效率，并要注意初级沉淀池有时候也叫作澄清池。

污水处理线主要是指活性污泥池中的进水（对于系统中没有一级处理的叫作原污水，包括一级处理的叫初沉污水）。它常常包括活性污泥（生物）反应器、回流污泥（RAS）、内回流、二次沉淀池（又叫作澄清池）、剩余污泥（WAS）和出水。

常见的污泥处理线经常由浓缩初沉污泥、剩余污泥、污泥浓缩、污泥脱水、干燥和贮存以及所有与污泥有关的装置。

图 5-1 展示了一个污水处理厂常见的 4 个子系统。接下来会列出对每个子系统常见的工艺清单。这些清单可以作为污水处理厂收录信息和总结的备忘录。

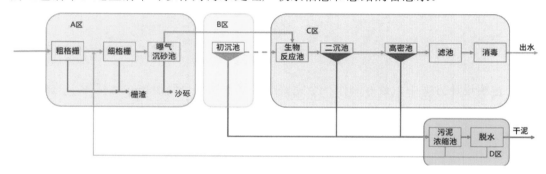

图5-1　污水处理厂工序划分

注：预处理（绿色）、初级处理（黄色）、污水处理线（二级和/或三级处理，蓝色）、污泥处理线（包括浓缩、消化、污泥脱水和贮存，红色）。

5.2.1　预处理

下列是预处理相关的处理单元（根据实际的污水处理厂设计，这个列表可以完成或扩展）：

◆ 进水渠道（管道）
  ● 流量监测装置
  ● 在线 pH 和电导率测量
◆ 粗格栅和沉砂池
  ● 格栅数量
  ● 格栅条空隙宽度（mm）或过筛孔径（mm）
  ● 最大流量（m³/h）
◆ 细格栅和转鼓格栅
  ● 格栅数量

- 格栅条空隙宽度（mm）
- 最大流量（m^3/h）
◆ 沉砂池和除油池
  - （平行）池体数量
  - 单元种类
  - 曝气或不曝气
  - 池体尺寸（深度、长度、宽度、表面积、体积）
  - 最大流量（m^3/h）
  - 水力停留时间（HRT，min）
◆ 污水分流或溢流设施
  - 污水分流溢流限制（m^3/h）
◆ 雨水储存池
  - 池体尺寸（深度、长度、宽度）
  - 雨水泵流量（m^3/h）
◆ 进水泵
  - 进水泵类型
  - 进水泵数量
  - 进水泵容量（m^3/h）
  - 备用容量（m^3/h）
  - 泵运行方式
◆ 进水（24 h 混合水样）水质测量装置（冷藏）
  - 测量频率（例如，每天、每隔一天或每周）
  - 每天样品数量（取决于测量间隔设置）
◆ 分流方式（对于一级或二级处理）
  - 平行工艺线的数量
  - 平行工艺线的流量分配（占总流量的百分比）

5.2.2　初级处理

下列是初级处理相关的处理单元（根据实际的污水处理厂设计，这个列表可以完成或扩展）：

◆ 初沉池
  - （平行）初沉池的数量
  - 池体尺寸（深度、长度、宽度、直径、体积、表面积）

- 对于圆形池：底部坡度（倾斜度%）和侧面最大深度（m）
- 最大流量（m^3/h）
- 污泥泵的数量（初沉污泥底流）
- 污泥泵流量（m^3/h）
- 水力停留时间（HRT，min）
- 出水堰溢流速度［WOR，$m^3/(mL·h)$］
- 表面负荷［SOR，$m^3/(m^2·h)$］

◆ 初沉污泥浓缩池
  - （平行）浓缩池的数量
  - 浓缩池尺寸（深度、长度、宽度、直径、体积、表面积）
  - 底部坡度（倾斜度%）和侧面最大深度（m）
  - 最大流量（m^3/h）
  - 浓缩污泥泵水量（初级污泥浓缩底流）
  - 浓缩污泥泵流量（m^3/h）
  - 水力停留时间（HRT，min）

◆ 初沉出水（24 h 混合样）水质测量装置（冷藏）
  - 测量频率（例如，每天、每隔一天或每周）
  - 一天的样品数量（取决于测量间隔）

◆ 初沉出水流量分配（去生物反应池）
  - 平行线路数量
  - 平行线路上的流量分配

5.2.3 污水处理线

下列是污水处理相关的处理单元（可以根据实际污水处理厂设计完成或扩展此列表）：

◆ 平行活性污泥法工艺线数量
  - 活性污泥工艺类型（如 UCT、phoredox、A^2/O）

◆ 厌氧、好氧或缺氧选择池（进水与回流污泥混合）
  - 平行反应池的数量
  - 池体尺寸（深度、长度、宽度、直径、体积、表面积）
  - 最大流量（m^3/h）
  - 曝气类型（如表面曝气或鼓风曝气）
  - 水力停留时间（HRT，min）

- ◆ 厌氧池
  - 平行反应池的数量
  - 池体尺寸（深度、长度、宽度、直径、体积、表面积）
  - 最大流量（m^3/h）
  - 水力停留时间（HRT，min）
  - 厌氧污泥停留时间（SRT）或污泥龄（d^{-1}）
- ◆ 缺氧池
  - 平行反应池数量
  - 池体尺寸（深度、长度、宽度、直径、体积、表面积）
  - 最大流量（m^3/h）
  - 水力滞留时间（HRT，min）
  - 缺氧污泥停留时间（SRT）或污泥龄（d^{-1}）
- ◆ 好氧池或曝气池
  - 平行反应池的数量
  - 池体尺寸（深度、长度、宽度、直径、体积、表面积）
  - 最大流量（m^3/h）
  - 曝气类型（如表面曝气或鼓风曝气）
  - 曝气装置数量（鼓风机或表面曝气器）
  - 曝气能力（m^3/h 或 kW·h）
  - 备用曝气能力（m^3/h 或 kW·h）
  - 水力停留时间（HRT，min）
  - 好氧污泥停留时间（SRT）或污泥龄（d^{-1}）
- ◆ 膜生物反应器
  - 平行反应池的数量
  - 池体尺寸（深度、长度、宽度、直径、体积、表面积）
  - 最大流量—膜通量（m^3/h）
  - 曝气类型（如分散曝气）
  - 安装鼓风机的容量
  - 曝气能力（m^3/h）
  - 备用曝气能力（m^3/h）
- ◆ 脱氧池
  - 平行反应池的数量
  - 池体尺寸（深度、长度、宽度、直径、体积、表面积）

- 最大流量（m³/h）
◆ 活性污泥流量分配
  - 平行工艺线数量
  - 平行工艺线去二沉的流量分配
◆ 二沉池或二级澄清池
  - （平行）二沉池数量
  - 水池尺寸（深度、长度、宽度、直径、体积、表面积）
  - 对于圆形水池：底部坡度（倾斜度%）和侧面最大深度（m）
  - 最大流量（m³/h）
  - 回流污泥泵（RAS 底流）
  - 回流污泥泵类型
  - 回流污泥泵的数量
  - 回流污泥泵的容量（m³/h）
  - 水力停留时间（HRT，min）

5.2.4　污泥处理线

下列是污泥处理相关的处理单元（这个列表可以根据实际污水处理厂设计完成或扩展）：
◆ 重力污泥浓缩池——重力浓缩器（初沉污泥、WAS 或混合污泥）
  - （平行）反应池的数量
  - 池体尺寸（深度、长度、宽度、直径、体积、表面积）
  - 圆形池子：底面坡度（倾斜度%）和侧面最大深度（m）
  - 最大流量（m³/h）
  - 浓缩污泥泵的数量（浓缩底流）
  - 浓缩污泥泵流量（m³/h）
◆ 机械污泥浓缩（离心机或过滤机）
  - 机械浓缩装置数量
  - 处理流量（m³/h）
  - 污泥泵流量（m³/h）
◆ 好氧污泥消化/稳定
  - （平行）反应池数量
  - 池体尺寸（深度、长度、宽度、直径、体积、表面积）
  - 最大流量（m³/h）
  - 曝气类型（如表面曝气或分散曝气）

- 安装曝气装置数量（鼓风机或表面曝气装置）
- 曝气容量（m³/h 或 kW·h）
- 备用曝气容量（m³/h 或 kW·h）
- 消化污泥泵数量
- 消化污泥泵流量（m³/h）

◆ 污泥厌氧消化
- （平行）反应池数量
- 池体尺寸（深度、长度、宽度、直径、体积、表面积）
- 对于圆形水池：底部坡度（倾斜度%）和侧面最大深度（m）
- 存气容积（m³）
- 气体流量和浓度测量装置（CH₄、CO₂）
- 最大流量（m³/h）
- 污泥泵数量
- 消化污泥泵流量（m³/h）
- 污泥机械脱水（离心机或压滤机）
  ○ 机械脱水装置数量
  ○ 流量（m³/h）
  ○ 泵流量（m³/h）

◆ 化学污泥稳定
- 药剂的类型
- 药剂的浓度
- 药剂投加流量

◆ 污泥存储
- （平行）反应池数量
- 池体尺寸（深度、长度、宽度、直径、体积、表面积）
- 圆形水池：底部坡度（倾斜度%）和侧面最大深度（m）
- 脱水污泥泵数量
- 脱水污泥泵流量（m³/h）

在初级处理、污水处理线和污泥处理线中经常会用到化学品。因此，还应列出化学用品的储存、制备和加药设备以及所用化学用品的种类和加药浓度。

5.2.5　工艺流程图（PFD）

在设计项目中，需要同时制作并使用各种类型的工艺流程图，每种工艺流程图提供不同的信息。其中包含的信息有污水处理厂位置、工艺单元的相关位置、不同装置之间的联系、工艺单元的结构、机电装置、水流、阀门开启度、水样收集点、在线测量点等。工艺流程图提供了一种简单的视图方式了解工艺设计。工艺流程图是模型设计研究开始阶段的主要工作文件，是建立模型水力分布的基础。在工艺流程图中，所有流程和流程装置都需要编号和命名。在实际工作中，设计人员和运行人员可能会用不同的名称或数字代表相同的工艺单元，因此为了避免歧义，还应该列出可能出现的同义词缩写。在整个项目设计过程中，PFD 将用于与建模项目中涉及的所有各方（如管理人员、工程师、技术人员、运行人员和实验室人员）进行沟通。

如前所述，工艺流程图有不同的类型，每种类型都有特定的用途：

（1）设备概览流程图或设备布置图。

这种类型的工艺流程图表示工艺单元的实际情况，也可作为地图用来指示不同装置的位置。这种类型的图通常使用 "鸟瞰" 概览图或航拍。这种图可以用来指出实质位置，并有助于在第一次污水处理厂数据库调研中了解处理流程。图 5-2 为该工艺流程图的一个示例。

1—进水泵房；2—粗格栅；3—细格栅；4—初沉池；5—生化池；6—二沉池；7—反硝化滤池；8—滤布滤池；9—消毒池

图5-2　污水处理厂概况流程图或基于航拍图的污水处理厂布局方案

（2）工艺水质流程图或工艺方案图。

这种类型的工艺流程图通常被设计人员用来表示不同工艺装置的关系。然而，这种类型的工艺流程图是最简化的（包含最不详细的信息），但却也是最接近模型设置的。图 5-3 是这种工艺流程图的一个示例。

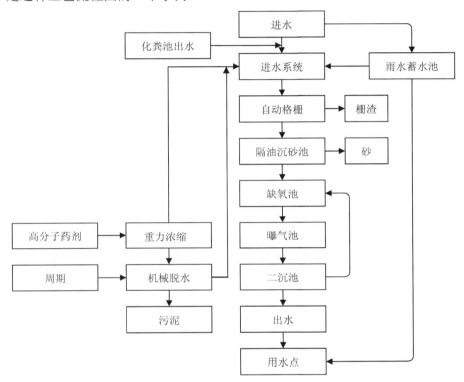

图5-3　工艺水质流程图指示主要工艺装置和流程的工艺方案

（3）运行工艺流程图或过程仪表图（PID）。

这种类型的工艺流程图通常是在污水处理厂的建造的最后阶段中完成的，可以指示所有工艺设备（机械安装、泵、格栅、阀门和仪表）。这种类型的工艺流程图通常出现在主要过程操作控制界面、配电盘、监控控制和数据采集（SCADA）系统上。即使这种工艺流程图最为详细和复杂，现在在许多新建污水处理厂中都可以见到（图 5-4）。

（4）模型工艺流程图或模型水力图。

这种类型的工艺流程图仅指示建模工艺单元和流程的工艺模型（图 5-5）。它是污水处理厂的抽象承显，通常不适合用来与实验室工作人员和操作人员沟通，因为实际情况可能与模型方案有很大不同。因此，建议首先构建一个概览图，并从概览图中获取高质量流程图，为实际的模型设计做准备。

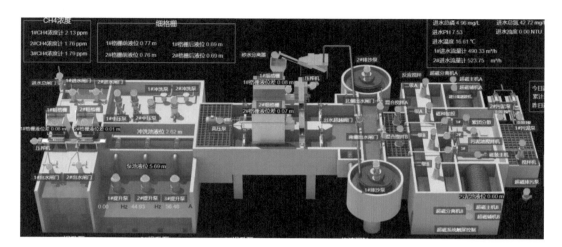

图5-4 包含结构和机械信息的运行工艺流程图或工艺仪表图（PID）

注：测量和采样点用黄色表示。

图 5-5 展示了建模的工艺单元和流程图，这张图结合了前面介绍的结构、机械和技术工艺流程图。该图是实际工程的简化表征，仅提供有关项目目标中描述的过程信息。通常情况下，所有的测量数据都应该与模型图中的一个（或组合的）流向是相关的，否则就没有必要进行测量。

5.3 结论

在数据库阶段之后，系统的第一步是描述整个污水处理厂。因此，污水处理厂被分为 4 个主要的可区分的子系统：预处理、初级处理、废水处理线、污泥处理线。并依据关键设计参数的信息清单描述所有污水处理厂中相关工艺单元。在建模过程中，这些信息被用于构建工艺流程图，并有助于相关人员（建模者、设计人员、操作员、实验室人员、污水处理厂负责人）之间的沟通交流。通常使用 4 种工艺流程图：

（1）污水处理厂鸟瞰流程图或污水处理厂布局图，展示实际的污水处理单元及其相对位置，以指出测量位置；

（2）过程水质流程图或工艺方案图；

（3）从技术的角度整合系统操作流程图（PID），通常被运行人员用来表示关键操作工艺单元和控制；

（4）模型流程图往往是最抽象，但也是最简化的。

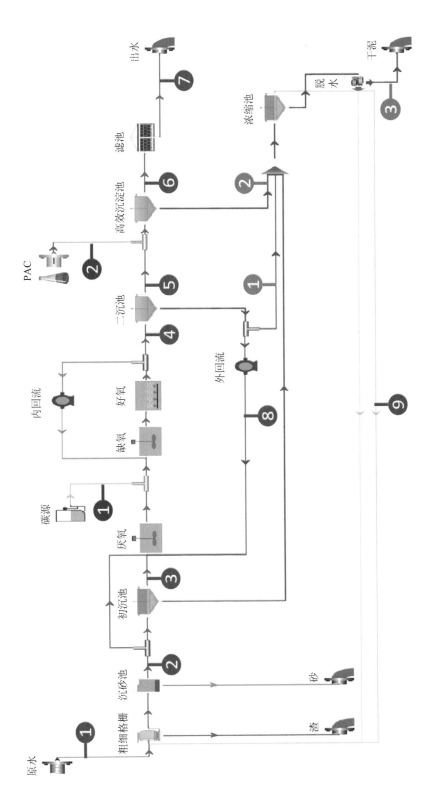

图5-5 指示建模工艺单元和流程图流程图或模型水力图

注: ①~⑨为布设的采样点。

第6章

污水处理厂历史运行数据采集

6.1 工艺流程分类

与工艺单元一样，也可以基于污水污染物浓度（主要是 TSS）对污水处理厂的工艺水质进行分类。在评估模型仿真结果时，这种分类有助于设计人员对预期的水质指标有一个初步的了解。表 6-1 提供了一个常规污水处理厂中各个单元的 TSS 和 DS 的含量变化。同样地，实验室也用类似的水质指标分类来预测污染物浓度范围，以确定样品分析时的稀释倍数。

表6-1　TSS和DS含量变化

分类	悬浮固体总量（TSS）/（mg/L）		干燥固体（DS）/%	
	低	高	低	高
污水	250	350	—	—
进水	200	250	—	—
初沉后污水	60	80	—	—
活性污泥	2 500	5 500	0.3	0.6
回流污泥	5 000	12 000	0.5	1.2
剩余污泥	5 000	12 000	0.5	1.2
出水	5	20	0.5	2.0
污泥线	500	3 000	0.5	3.0
初沉污泥	7 000	10 000	0.7	0.9
重力浓缩污泥	12 000	20 000	1.2	1.8
机械浓缩污泥	15 000	36 000	1.5	3.6
消化污泥	30 000	40 000	3.0	4.0
脱水污泥	200 000	300 000	20.0	30.0
化学稳定污泥	250 000	350 000	25.0	35.0

5 种主要的分类为：

（1）进水流量

- 在格栅及沉砂前的污水
- 经过格栅及沉砂后的污水（经过滤及沉砂）
- 初沉出水（经过初沉池）

（2）以下位置中的活性污泥

- 反应池中的活性污泥
- 内回流至厌氧池的活性污泥（生物除磷）
- 内回流至缺氧池的活性污泥（反硝化）
- 内回流至好氧池活性污泥（氧化沟式的曝气池内循环）
- 回流污泥（RAS）
- 剩余污泥（WAS）

（3）出水

（4）以下位置的污泥

- 初级污泥
- 浓缩污泥（WAS，初级污泥或混合污泥）
- 消化污泥
- 脱水污泥
- 化学污泥

（5）其他污水（内部负荷）

- 污泥浓缩上清液
- 机械浓缩或离心脱水上清液
- 机械压力浓缩或脱水滤液（压滤）
- 厌氧消化上清液
- 污泥干化上清液

6.2 污水处理厂测量采样点

大多数现代污水处理厂都有自动数据采集系统用来监测和控制污水处理厂的自动化过程，其中最典型的就是 SCADA 系统（基于 PLC 的监视控制和数据采集）。

SCADA 系统记录的典型运行数据包括：

- 泵流量
- 泵的运行时间

- 机械设备能耗
- 风机容量
- 在线 pH 测量
- 电导率
- 温度
- 溶解氧
- 分析和氧化还原电位
- 沼气产量
- 自动甲烷和二氧化碳产量读数
- 化学加药量

这些数据通常会呈现在污水处理厂管理大楼控制室的控制柜上。当这些数据用于建模研究时，必须确定数据的准确测量位置。因此，工艺流程图对于指示 SCADA 测量位置非常有用。

为了全面了解污水处理厂日常运行情况，可以在不同位置增加测量点。通常情况下，这些数据可以从实验室和运行人员那里获得。大部分样品可在化验室通常按一定的标准进行检测，也可以由第三方授权的实验室对污水处理厂实验室的结果进行定期检测。在进行建模研究时，这些第三方实验室的测量值也是有效的信息来源。通常基于出水和进水以及其他指标的化验结果会以报表（电子表格）的形式储存并用于日常污水处理厂运行。这些化验数据可以与数据库中的 SCADA 检测数据结合使用。

表 6-2 展示了由污水处理厂工作人员化验的日常污水处理厂测量项目及指标的概述。测量表采用矩阵表示法展示。列表示采样点/流量/反应器，行表示所有需要检测的项目。样品类型的信息也同样在表中备注说明（在线测量，24 h 混合样或瞬时样品）。

表6-2   污水处理厂员工对污水处理厂日常运营控制进行的典型测量案例

描述	简称	单位	原始进水24 h混合样	原始进水在线	初沉污泥24 h混合样	出水24 h混合样	出水在线	曝气池在线	曝气池取样	沉淀污泥取样	脱水污泥取样	消化池在线	消化池取样	剩余污泥取样
pH	pH	—		1			1							
电导率	E	μS/cm		1			1							
温度	T	℃		1			1							
甲烷和二氧化碳气体组分	CH_4 CO_2	%										1		

描述	简称	单位	原始进水24 h混合样	原始进水在线	初沉污泥24 h混合样	出水24 h混合样	出水在线	曝气池在线	曝气池取样	沉淀污泥取样	脱水污泥取样	消化池在线	消化池取样	剩余污泥取样
硫化氢	H_2S	$\times 10^{-6}$										1		
二氧化碳	CO_2	%										1		
溶解氧	DO	mg/L						1						
总悬浮固体	TSS	mg/L	1		1	1			1	1				
无机悬浮固体	ASH	%							1	1				
干物质	DM	mg/L									1		1	1
干物质无机组分	IM	%									1		1	1
总磷	TP	mg/L	1		1	1								
正磷酸盐	PO_4^{3-}	mg/L	1											
总COD	TCOD	mg/L	1		1									
BOD_5	BOD	mg/L	1											
总凯氏氮	TKN	mg/L	1		1	1								
氨氮	NH_4^+	mg/L	1											
硝氮和亚硝氮	NO_x	mg/L				1								

在现场采集的用于操作控制的补充水样一般包含在线检测数据，人工采集的24 h混合样品（通常是冷藏的）和瞬时采样样品。当这些数据用于模型设计研究时，应在工艺流程图上特别地标明采样点。此外，还应了解采样和分析测量的方法，因此，建议在污水处理厂实地调研的同时亲自检查污水处理厂的采样方式和水样检测方法。

6.3 每日进出水量的典型测量方法

通常，进水流量计位于一级处理（栅格和除砂）之前或之后。进水流量测量通常由安装在混凝土排水管中的文丘里阻尼器测定，也可以用电磁流量计或多普勒流量计测量填充管道中的进水流量。有时既要测进水流量也要测出水流量，一般用电磁流量计测量进水管道内的流量并用文丘里流量计测量出水管道的流量。在校准后，文丘里流量计比电磁或多普勒流量计测量结果更精确。因此，应尽量使用文丘里流量计测量流量。因为该流量统计方法包括了实际并没有进入系统中的雨水，与超越管线之前测出的进水流量存在偏差，这将影响年平均流量测量值。因此，最好同时测定出水流量，因为该流量代表通过污水处理系统的实际流量。进水流量测样点的位置同样也是在线测量 pH、电导率和水温的测样点。这些测量指标可以有效监测实际运行中的异常有毒有害进水。对于较大的污水处理厂，法规经常要求在原始进水地点进行 24 h 混合样品测量，并对典型参数（TSS、BOD_5、COD、TN、NH_4^+、TP、PO_4^{3-}）进行采样分析。通常，在液位计旁边会安装一个自动采样器。该自动采样器有多个容器（例如，在一个转盘中有 4 个、12 个或 24 个采样容器），用于保存 24 h 混合污水水样。采用定时器控制的自动计量泵，将污水样品从排水沟中取出，然后陆续注入采样容器。当流量高时，样品的水量更大，因此，采样泵需依据流量计的信号进行自动调节。污水处理厂出水必须进行全天混合样品测定，这些水样从受纳水体的排污口处采集。并且出水水样采集及分析需要根据当地法规确定分析参数。

第 7 章

活性污泥法污水处理厂评估

7.1 简介

对于污水处理厂进行运营评估和模型设计，除历史数据外，需要补充一些额外的污水处理厂数据。这些数据包括：

- 进水特征测量
  原污水进水特征
  初沉后进水特征
- 物料平衡测量
  检查流量数据，计算缺少的流量
  检查污泥产量，验证 SRT
  计算氮和 COD 的转化率
- 用于模型验证的活性污泥特性测量
  用于模型验证
  用于支持物料平衡，SRT 计算
  用于支持进水水质特征
- 出水特征
  用于支持进水特征
- 其他补充采样（基于表 6-2）
  遗漏的标准测量项目
  需要验证的历史测量值

这里提到的大多数据并不能从日常水样检测结果（表 6-2）中获得，因此需要进行补充采样分析。在模型设计研究中，补充采样分析是最困难的，在准备和执行过程中也是最耗时的，同时需要相当多的经费用于支付实验室检测、样品运输和人工成本。因此，为污水处理厂制定一个有效且实际的补充采样和分析计划是至关重要的。该计划需要尽量减少测量数据的水量，但同时确保能够收集到进行模型研究所有必要的信息。更多采样的信息见第 15 章实际案例部分。本章主要介绍了为分析活性污泥特征需要有哪些测量指标。此外还介绍了如何确定需要哪些测量指标来检查流量数据和计算缺少的流量，以及如何检查污泥产量和检验 SRT。最后，讲解了如何从物料平衡计算中计算 N 和 COD 的关键转换速率。

7.2　活性污泥特征

传统污水处理实际运行中不会对活性污泥（MLSS）组分进行测量，因为传统设计中并没有考虑污泥组分参数。然而，相关信息对于活性污泥模型构建十分必要。活性污泥模型能对活性污泥和生物质组成进行预测，因此测量活性污泥组成可以用于验证模型的计算。此外，活性污泥组分含量是计算污泥性能关键指标的重要依据（如 SRT）。在模型研究中，测量活性污泥组分主要有 3 个目的：

（1）基于活性污泥组成成分分析可以验证模型的结果，此外活性污泥模型也可以预测活性污泥组成成分。

（2）利用活性污泥组成成分检验计算出的污泥停留时间（SRT），同时验证对运行十分重要的污泥产量参数。

（3）污水处理厂的 COD、TN 和 TP 物料平衡可由计算活性污泥组成测出。因此，COD：TSS、COD：N 和 COD：P 成分比例是计算物料平衡的良好参数。在相当于实际 SRT 的 2～3 倍的时间跨度内，污水处理线（如反应池、剩余污泥和回流污泥）中的这些值将是恒定的。如果只有 TSS 是已知的（如剩余污泥或回流污泥中），那么 COD 就可以基于 TSS：COD 比率计算出来（这种方法也适用于 N 和 P）。此外，也有机会去计算整个污水处理厂所有 COD、N 和 P 的物料平衡。

活性污泥是根据混合液悬浮固体总量来测定的。因此，只用采样一个加大容量的活性污泥水样，便可对包括 TSS、VSS、TCOD、TKN、TP 等在内的参数进行分析。同时，从相同样品中对滤液进行分析，得到溶解性组分。这两个测量值的差值，可以计算出活性污泥的颗粒组成。需要注意的是，在计算组成比时，所有分析的参数需要从相同的水样中同一时间测定（如 CODx/VSS、TKN/COD 等）。一般来说，建议以每月为基础进行这种测量，以更好的观察整个变化过程。

7.2.1　活性污泥组分

表 7-1 给出了 5 个项目案例研究中生物质组成的典型组成比例。在 2～3 倍的 SRT 内，

生物质组成可以认为是接近于恒定的，这一点可以从 SRT 定义角度来理解。当对活性污泥工艺运行工况进行改变时，活性污泥组成需要 3 倍的污泥停留（混合）时间才能变化到新的动态稳态。因此，即使活性污泥的组成对污水处理厂的运作方式很敏感，但是其变化需要较长的时间。例如，活性污泥的灰分（ISS）通常随 SRT 的增加而增加，反之亦然。对于 SRT 较短的系统（如 3 d），污泥的灰分含量通常为 12%~15%，而对于 SRT 较长的系统（15~20 d），灰分含量通常为 18%~23%。用于除磷的化学物质（金属盐）的进水组成和用量也会影响 ISS 活性污泥成分。例如，水中的无机悬浮物（ISS）会导致活性污泥中更高的灰分。

表7-1　生物质组成的典型组成比例

颗粒组分		单位	Belisce	Cakovec	Varazdin	Vinkovci	Zagreb
TSS	总悬浮固体	mg/L	6 260	3 620	3 145	5 192	3 549
VSS	挥发性悬浮固体	mg/L	4 400	2 817	2 682	3 417	2 774
ISS	总悬浮固体无机组分	mg/L	1 860	803	464	1 775	775
CODx	颗粒态 COD	mg/L	5 530	2 662	3646	4 485	3 516
TKNx	颗粒态总凯氏氮	mg/L	291	141	255	250	248
TPx	颗粒态磷	mg/L	26	65	44	39	48
总 MLSS							
TCOD	总 COD	mg/L	6 200	3 689	3 668	4 489	3 532
TKN	总凯氏氮	mg/L	291	143	262	250	249
TP	总磷	mg/L	27	68	45	39	50
溶解态组分							
CODgf	过滤 COD（包括胶体态）	mg/L	670	27	22	29	16
NH_4^+	氨氮	mg/L	0.3	2.1	6.9	0.4	0.4
PO_4^{3-}	磷酸盐	mg/L	0.0	3.5	1.1	0.8	1.7
颗粒态组分							
Ash	灰分比例	%	29.7	22.2	14.7	34.2	21.8
CODx/VSS	有机物中 COD 比重	mg/g	1.26	1.30	1.37	1.31	1.27
VSS/TSS	有机成分比重	g/g	0.70	0.78	0.85	0.66	0.78
N/VSS	氮占有机成分比重	g/g	0.066	0.050	0.098	0.073	0.090
P/VSS	磷占有机成分比重	g/g	0.006	0.023	0.017	0.011	0.017
N/COD	氮占 COD 比重	g/g	0.047	0.065	0.071	0.055	0.070
P/COD	磷占 COD 比重	g/g	0.004	0.030	0.012	0.008	0.014
Org.N/P	有机组分	g/g	10.97	2.17	5.83	6.62	5.15

同样，进水颗粒 COD/VSS 决定了活性污泥 COD/VSS。模型中采用进水颗粒 COD/VSS 作为校正参数，从而将模型中的活性污泥浓度与反应器中实际测得的 MLSS 进行拟合。更具体地说，通过调整进水中可生物降解和不可生物降解的 COD/VSS 值（模型中两个不同的参数），可以同时拟合进水 TSS 和反应池中的 MLSS。通常，活性污泥的氮含量为 5%～8%（N/COD 质量比），磷含量一般为 1%～3%（P/COD，质量比）。然而，对于生物除磷的活性污泥法，由于细胞内聚磷酸盐的储存，污泥中磷酸盐的含量较高（可高达 5%）。

7.2.2 确定相关的物料平衡

系统中的所有未知流量可由流量平衡计算得出。物料平衡补充测量可用来检查测量的（和计算的）流量的准确性。物料平衡对（水质）水量的精确描述十分重要，这是所有过程的模型设计研究中的一个重要步骤，因为物料平衡测定常用于作为计算关键参数，以此来评估整个反应过程。下面将介绍一种可以在一个结构化的概述中识别所有相关的水量和物料平衡的方法。

第一步是确定待研究的整个流程图中的所有相关子系统。因此可以从前文提到的一般流程单元分类图着手。通常，污水处理厂的物料平衡区域（图 7-1）与模型中包含的主要目标研究区域相对应。根据具体的项目目标可以区分更多的子系统（见图 7-1，厌氧消化池的物料平衡也需要测量，导致需要增加两个测量点）。在我们的示例中（图 7-1）研究了 3 个子系统（3 个物料平衡）：一级处理、污水线和污泥线。此外，算上这 3 种子系统加和得到的全污水处理厂总质量平衡，总共需要计算 4 种质量平衡。

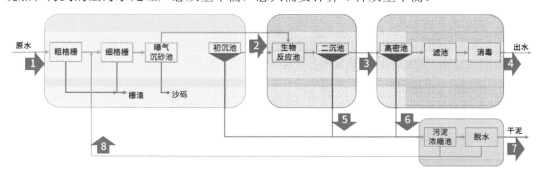

图7-1 简化的工艺流程图表示主要工艺单元的物料平衡

每一个给出的物料平衡都有进出流量。在这个例子中，总共有 8 个流量需要被识别来计算所有的流量和物料平衡（用箭头和数字 1～8 表示）。

在 4 个垂直列中列出了所有已知的物料平衡。在第 8 行重新呈现水平流量。此外，矩阵中的所有空格都代表 0。还应该注意的是，当水平向累加平衡时，总的污水处理厂流量处于平衡（进水–出水–污泥=零）。

7.2.3 工艺流程平衡的评估

数据评估的第一步是闭合流量平衡。污水处理厂中污水不会凭空增加也不会凭空消失，因此从全厂角度统计总是完全平衡的。有些污水会蒸发掉，但实际上这是微不足道的。流量平衡出现偏差则意味着（一个或多个）流量测量出现错误，或者可能表示对流程的错误理解（工艺流程图中的连接或单元错误）。错误的过程描述（如错误连接或水流方向）导致流量平衡出现严重错误，因此需要在数据平衡之前进行纠正。流量平衡矩阵（表 7-2）可以在电子表格（如 MS Excel）中进行水量平衡的计算。

表7-2   流量平衡矩阵

流量	流量平衡	一级处理	污泥线	污水线	总体 WWTP
Q1	进水	+Q1		—	+Q1
Q2	初沉污水	−Q2		+Q2	—
Q3	出水			−Q3	−Q3
Q4	初沉污泥	−Q4	+Q4	—	—
Q5	剩余污泥	—	+Q5	−Q5	—
Q6	浓缩污泥上清液	+Q6	−Q6	—	—
Q7	脱水滤液	+Q7	−Q7	—	—
Q8	污泥	—	−Q8	—	−Q8
总平衡		0	0	0	0

注：以 WWTP Zagreb 为例。净流入=净流出。

流量平衡矩阵是工艺流程图（图 7-1）中流入流出流量的数学描述。平衡矩阵（表 7-2）中列表示基于工艺流程中各个单元的物料平衡，行表示进/出水流量（$Q1\sim Q8$，流入为正，流出为负）。平衡矩阵的垂直总和可用于检查流量系统一致性。当流量数据中没有出现错误时，流量平衡应该闭合，这意味着垂直总和应该为零。

从数学上讲，对于方程，可以根据以下公式写出平衡：

一级处理的流量平衡由：

$$Q1-Q2-Q4+Q6+Q7 \approx 0 \tag{7.1}$$

污泥线的流量平衡由：

$$Q4+Q5-Q6-Q7-Q8 \approx 0 \tag{7.2}$$

污水线的流量平衡由：

$$Q2-Q3-Q5 \approx 0 \tag{7.3}$$

整个污水处理厂的流量平衡有：

$$Q1-Q3-Q8 \approx 0 \tag{7.4}$$

7.2.4 用TP平衡检验工艺流程

和流量平衡相似，可以计算出守恒物料平衡。当没有发生转换时，物料平衡加起来应该为零。对 TP 来说，所有进入污水处理厂的磷都将在其中某个流量中消失，因为 TP 不能以气态的形式消失。然而，由于测量误差，平衡计算经常会出现冗余值（求和平衡时产生）。

水质流量（kg/d）定义为（平均）流量（Q）乘以（平均流量权重下的）浓度（C）：

$$Q\left(\frac{m^3}{d}\right) \times C\left(\frac{kg}{m^3}\right) = L\left(\frac{kg}{d}\right) \tag{7.5}$$

$$Q2 \cdot TP_2 - Q3 \cdot TP_3 - Q5 \cdot TP_5 \approx 0 \tag{7.6}$$

根据式（7.6），还可以计算出污泥线［式（7.2）］、水线［式（7.3）］和总污水处理厂［式（7.4）］的 TP 平衡。

在表 7-2 中，列表示 4 个物料平衡（n），在每个平衡中，水流元素 i（$Q1 \sim Q8$）也表示为流量向量。表中所有的空格代表 0。带有负号的元素是流出，而正号的元素是流入。平衡与流量矢量对应，流量矢量由实测流量（m）和未知流量（u）组成。需要计算未知流量（u）。总流量等于 $m+u=i$ 个元素（$Q1 \sim Q8$）。物料平衡可能与单个反应器或一组反应器有关（如污泥线或污水线）。

当 $n=u$ 时，可以解出一个具有 n 个平衡方程的方程组（表 7-3，$n=4$）。在我们的例子中，未知量（u）为 4，且实际测量的流量为 8-4=4 时，一个系统中 4 个方程可以得出解。

对于 $n>u$，系统是"超确定的"。这用"冗余度"表示，定义为 $n-u$。需要注意的是，冗余度是根据独立平衡方程的个数来计算的。如果系统是冗余的，可以检测系统中是否存在错误。

表7-3 保存物料平衡矩阵

流量平衡 流量		一级处理	污泥线	污水线	总体 WWTP
$Q1$	进水	$+Q1 \times C1$		—	$+Q1 \times C1$
$Q2$	初沉污水	$-Q2 \times C2$		$+Q2 \times C2$	—
$Q3$	出水			$-Q3 \times C3$	$-Q3 \times C3$

流量平衡　　流量		一级处理	污泥线	污水线	总体 WWTP
$Q4$	初沉污泥	$-Q4 \times C4$	$+Q4 \times C4$	—	—
$Q5$	剩余污泥	—	$+Q5 \times C5$	$-Q5 \times C5$	—
$Q6$	浓缩污泥上清液	$+Q6 \times C6$	$-Q6 \times C6$	—	—
$Q7$	脱水滤液	$+Q7 \times C7$	$-Q7 \times C7$	—	—
$Q8$	污泥	—	$-Q8 \times C8$	—	$-Q8 \times C8$
总平衡		0	0	0	0

注：例如 WWTP Zagreb。

冗余度越高，计算准确率越高。在我们的例子中，高冗余度可以解决 8 个流量中只有 4 个被测量时的流量平衡问题。当方程组中增加 4 个额外的 TP 物料平衡时（$n=8$），我们就扩展了物料平衡系统（$n>u$）。这意味着我们可以解决更多未知的物料平衡系统参数（例如，如果只有小于 4 个流量是检测值时，未知流量的个数为 $u>4$），且通过物料平衡可以帮助我们检查的流量和物料平衡数据（SRT）的可能性，从而大幅提高模型研究的精确度。

7.2.5　COD和N物料平衡，计算污水处理厂运行情况

与 TP 物料平衡计算类似，还可以计算 COD 和 N 的物料平衡。然而，这两种平衡计算之间存在重要的差异，COD 和 N 元素都可以在活性污泥反应器中转化，从而以气态方式从液相中消失。COD 通过产生 CO_2（g）和 CH_4（g）离开污水处理厂，N 通过生产 N_2（g）离开污水处理厂，COD 和 N 都是非守恒的物料平衡，物料平衡的和表示转换项。因此，这些计算差值不能用于检查数据是否可能出现错误。另一方面，从 COD 和 N 物料平衡计算出的转化率提供了关于污水处理厂运行状态的有价值的信息，可用于污水处理厂评估。在这里，我们将介绍如何确定污水线的 COD 和 N 平衡，从而得到有机物底物的氧化量和反硝化量，硝化和反硝化的转化量以及比较可靠的污泥产量等准确数据。

对于污水线上的 COD 和 N 平衡计算，可以采用以下方程。

基于水线上的 TKN 平衡计算硝化：

$$Q2 \times TKNQ2 - Q3 \times TKNQ3 - Q5 \times TKNQ5 \approx 硝化负荷 \tag{7.7}$$

基于水线上的 TN 平衡计算反硝化：

$$Q3 \times TNQ2 - Q5 \times TNQ5 \approx 反硝化负荷 \tag{7.8}$$

基于水线上的 COD 平衡计算总有机转换：

$$Q2 \times COD \times Q2 - Q3 \times COD \times Q3 - Q5 \times COD \times Q5 \approx 被氧化为 CO_2 的 COD 的总和$$

$$\tag{7.9}$$

基于物料平衡方程式（7.5）～式（7.7）计算出的氮负荷（kg/d）、反硝化负荷（kg/d）和有机负荷（kg/d），再根据下列化学计量关系（以 mol 和 g 计），可计算出耗氧量：

硝化作用（以 mol 计）：

$$NH_4^+ + 2O_2 \longrightarrow NO_3^- + H_2O + 2H^+ \tag{7.10}$$

硝化（以 g 计）：

$$NH_4^+ + 4.57O_2 \longrightarrow NO_3^- \tag{7.11}$$

由式（7.11）和式（7.7）OC_{NIT}，硝化反应的耗氧量化学计量数（kg/d）可根据：

$$(Q2 \times TKNQ2 - Q3 \times TKNQ3 - Q5 \times TKNQ5) \times 4.57 \approx OC_{NIT} \tag{7.12}$$

反硝化（以 mol 计）：

$$2NO_3^- + 2H^+ \longrightarrow N_2(g) + 2.5O_2 + H_2O \tag{7.13}$$

反硝化（以 g 计）：

$$NO_3^- + 2.86COD \longrightarrow + N_2(g) \tag{7.14}$$

由式（7.14）和式（7.8）中反硝化所需 COD_{DEN}，可以计算出 COD（kg/d）的反硝化负荷（kg/d）

$$(Q2 \times TNQ2 - Q3 \times TNQ3 - Q5 \times TNQ5) \times 2.86 \approx COD_{DEM} \tag{7.15}$$

总耗氧量为

$$NH_4^+ \longrightarrow NO_3^- \longrightarrow N_2(g): -4.57 + 2.86 = -1.71 \frac{O_2(g)}{N_2(g)} \tag{7.16}$$

在 COD 的计算中使用了以下定义（如甲烷氧化）。

有机氧化（以 mol 计）：

$$CH_4 + 2O_2 \longrightarrow CO_2 + 2H_2O \tag{7.17}$$

有机氧化（以 g 计）：

$$CH_4 + 4O_2 \longrightarrow CO_2 + 2H_2O \tag{7.18}$$

有机氧化（以 g 计）：

$$COD + O_2 \longrightarrow CO_2 \tag{7.19}$$

从式（7.15）和式（7.9）COD_{OX} 可以计算出 COD 的好氧氧化负荷（kg/d）。

依据：

$$(Q2 \times COD_{Q2} - Q3 \times COD_{Q3} - Q5 \times COD_{Q5}) - COD_{DEN} = COD_{OX} \tag{7.20}$$

从式（7.15）和式（7.19）COD_{OX} 计算（好氧）氧化有机负荷（kg/d）。

依据：

$$(Q2 \times COD_{Q2} - Q3 \times COD_{Q3} - Q5 \times COD_{Q5}) - COD_{DEN} = COD_{OX} \tag{7.21}$$

从式（7.12）和式（7.21）ThOD 计算总理论需氧量（kg/d）。

依据：

$$OC_{NIT} + COD_{OX} = ThOD \qquad (7.22)$$

7.3 物料平衡评价

在以上介绍计算方程的基础上，提出了一种系统的物料平衡方程矩阵化计算方法。因此，应用表 7-2 和表 7-3 中相同的解释原则。以萨格勒布污水处理厂为例，物料平衡的计算范围为污水线上（表 7-4）和总污水处理量（表 7-5）。

表7-4　污水线上TP、TKN、NO_3^-、COD和O_2的流量和物料平衡

流量		$Q/$ (m³/d)	TP/ (kg/d)	TKN/ (kg/d)	NO_3^-/ (kg/d)	COD/ (kg/d)	O_2/ (kg/d)
初沉池	−1	336 522	1 463	15 991	159	79 193	55
出水	−1	−331 170	−918	−949	−5 714	−5 882	−393
剩余污泥分流器	−1	−5 325	−545	−2 510	−76	−35 791	0
氨氮硝化				−12 132	12 132		−55 443
硝氮反硝化					−6 474	−18 579	
好氧 COD 转化						−18 761	−18 761
总理论需氧量							74 543
剩余质量平衡		0	0	0	0	0	0

注：WWTP Zagreb。模型中所有误差均为零（不存在测量误差）。

表7-5　TP、TKN、NO_3^-、COD和O_2的流量和物料平衡除以总污水处理量

流量		$Q/$ (m³/d)	TP/ (kg/d)	TKN/ (kg/d)	NO_3^-/ (kg/d)	COD/ (kg/d)	O_2/ (kg/d)
进水	−1	331 324	1 525	19 126	157	138 889	397
出水	−1	−331 170	−918	−949	−5 741	−5 882	−393
脱水污泥	−1	−155	−607	−4 339	0	−51 695	0
甲烷、氮、氨氮、沼气				−1 690		−43 013	
氨氮氧化				−12 148	12 148		−55 515
硝氮反硝化					−6 564	−18 839	
好氧 COD 转化						−19 460	−19 460
总理论需氧量							74 972
剩余质量平衡		0	0	0	0	0	0

注：WWTP Zagreb。模型中所有误差均为零（不存在测量误差）。

在表 7-4 中，列中表示 Q、TP、TKN、NO_3^-、COD 和 O_2 的含量。以行表示水流（Q）通过水线。进流（+1）是初沉池（$Q2$）的出水。而两个出流（−1）分别为出水 $Q3$ 和剩余污泥为 $Q5$（图 7-2）。

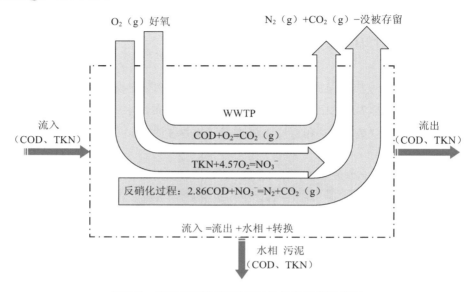

图7-2　COD和TKN的WWTP总物料平衡示意图

注：包括转化：硝化、反硝化和 COD 转化（好氧和缺氧）。空气是系统的输入量，CO_2 和 N_2 是通过气相离开的反应产物。如果测量了进水、出水，就可以计算出平衡（和内部转化）。

除了随水线流失的物质量，活性污泥池中也发生了生物转化，在表 7-4 的下半部分为氨氮硝化、硝氮反硝化、好氧 COD 的转化，最后是化学计量需氧量的总量。

污水流量和 TP 都是守恒的参数（理论上可以在污水处理厂内测量）。流量和 TP（第一列和第二列）的结果是闭合的，即所有输入和输出值之和等于或接近于零。由 TKN 平衡［式（7.7）］计算，在硝化过程中，从 TKN 平衡上除去氨（−）12 132 kg。在硝化过程［式（7.11）］中，硝酸盐平衡（表 7-4）中会出现一定比例（化学计量）的硝酸盐（1262 kg）（+）。根据化学计量关系（4.57 $kgO_2/kgNH_4^+$ 转化），硝化过程中耗氧量为（−）55 443 kg［式（7.12）］。硝酸盐的反硝化作用是根据硝酸盐平衡结果（先计算硝化作用后）计算得出的。当 6 474 kg 硝酸盐被反硝化时，硝酸盐物料平衡的一部分残留物为零。反硝化也可以直接从总氮平衡［式（7.8）］计算，即表 7-4（TN = TKN + NO_3^-）中 TKN 和 NO_3^- 平衡之和。

最后，理论总需氧量（ThOD）是硝化过程中总需氧量（OC_{NIT}）与好氧 COD 转化（COD_{OX}）中总需氧量（ThOD）之和，合起来大约需要 74 543 kg 的理论总需氧量［式（7.21）］。这是生物量在转化过程中所消耗的氧气量。然而，由于氧气输送效率（KLa），大约需要总需氧量 2 倍的空气量提供给活性污泥系统，因此 ThOD 可用于风机容量的设计。

7.4　污水处理厂运行的评估

从表 7-4 中计算出的转化率可以很好地理解污水处理厂是如何运作的。同时，从缺氧与好氧 COD 转化率之间的比例（如表 7-4 18 579 kg COD 反硝化，18 761 kg COD 氧化）可见反硝化作用是如何发生的。在这个例子中，我们知道约 50%的 COD 是在缺氧条件下氧化的，而 50%的 COD 是好氧条件氧化的。如果我们知道污水处理厂处理工艺过程中并没有设置缺氧活性污泥反应器的情况下，可以得出结论：在有氧/无氧条件下，好氧池中有相当大的 COD 用于反硝化过程，即发生了同步硝化反硝化现象（SND）。这是由于污泥内部出现缺氧（或厌氧）区域以及氧浓度梯度造成的结果。

此外，物料平衡计算表明，当剩余污泥 COD 含量增大时，该工艺的总理论耗氧量减小，反之亦然。物料平衡计算清楚地表明，高 SRT（低污泥产量）导致耗氧量提高。应该指出的是，在表 7-4 的计算中，没有考虑到水系中可能产生的氢气或甲烷。在 Biowin 生物模型也考虑到产氢和产甲烷过程的影响。该过程虽然在常规工艺中不明显，但其在厌氧操作的工艺装置中的产量是非常可观的。但是，因为在污水线进行的计算通常物质的量级非常大，所以最终的计算差别很小可忽略不计（<5%）。这里有一个根据萨格勒布一个污水处理厂的整个过程计算的相同的物料平衡方程（图 7-2、表 7-5）。在这个例子中，厌氧消化池也是物料平衡的一部分，进入整体 WWTP 中的大量 COD 以甲烷 [CH_4（g）] 和氢气 [（H_2（g）] 形式离开系统（模型计算结果为 43 013 kg/d）。在模型计算的基础上，还计算了厌氧消化反应器中氨的蒸发量。值得注意的是，两种物料平衡的净结果（表 7.4、表 7.5）与 ThOD 的结果是相同的，因为除了污水线以外，其他工序中没有有好氧反应发生。

7.5　SRT的计算

在闭合流量和 TP 平衡并计算活性污泥工艺上的所有转化率后，该信息也可用于准确计算 SRT。SRT 是一个重要的操作参数，它在很大程度上决定了设备和模型的性能。SRT 的计算可以采用不同的计算方法。传统上，SRT 是根据活性污泥反应池中的 TSS 和排出系统的 TSS 量来计算的，由公式：

$$SRT=（V_{AT}×TSS_{AT}）/（Q_{WAS}×TSS_{WAS}+Q_{EFF}×TSS_{EFF}）\qquad（7.23）$$

式中：V_{AT} —— 活性污泥池容积，m^3；

TSS_{AT} —— 曝气池 TSS 浓度，kg/m^3；

Q_{WAS} —— 剩余污泥流量，m^3/d；

TSS_{WAS} —— 剩余性污泥中 TSS 浓度，kg/m^3；

Q_{EFF} —— 出水流量，m^3/d；

TSS_{EFF} —— 出水中 TSS，kg/m^3。

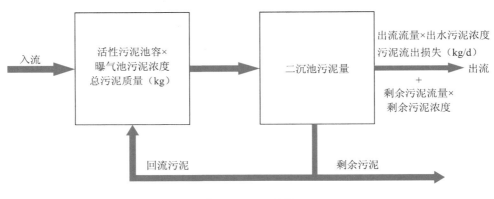

图7-3　SRT计算

同样的计算方法也可用于活性污泥中其他颗粒物质的测定，如 VSS、COD、TKN、TP 等。因此在 7.2.3 节中 TSS 被这些测量参数中的一个所取代。活性污泥是由 TSS、VSS、COD、TKN 和 TP 以或多或少的恒定比例混合而成。基于这一事实，在不同的计算中，这些元素变得可以互换，这也说明了在进行模型设计研究时测量活性污泥特性的重要性。

7.6　另一种SRT计算方法：基于TP平衡

基于 TP 平衡的 SRT 计算是一种完全不同方法。因为系统中的 TP 与系统外的 TP 是相同的。从活性污泥表征中我们也知道，P 与 TSS 之间的关系是一个常数比（假设颗粒物 TP/TSS 比在估计的 2～3 倍污泥停留时间内是常数）。使用 P 作为示踪剂的实际优点是：①测定 TP 相对简单；②在 WWTP 中，P 浓度一般都远高于检测限；③TP 含量通常很容易测得。

式（7.6）给出了水线上 TP 平衡。当测量进水和出水 TP（流量 $Q2$ 和 $Q3$ 中的 TP，表 7-1）时，污泥中 TP（kg/d）的计算方法如下：

$$Q_{\text{WAS}} \times \text{TP}_{\text{WAS}} = Q_{\text{INF}} \times \text{TP}_{\text{INF}} - Q_{\text{EFF}} \times \text{TP}_{\text{EFF}} \qquad （7.24）$$

从活性污泥表征颗粒物中磷的总量（$\text{TP}_{\text{X·AT}}$）计算方法如下：

$$V_{\text{AT}} \times \left(\text{TP}_{\text{AT}} - \text{TP}_{\text{S,AT}} \right) = 曝气池中颗粒状TP \qquad （7.25）$$

可以假设出水中的溶解性磷（正磷酸盐）与活性污泥池流出的溶解性磷浓度相同，因此：

$$V_{AT} \times \left(TP_{AT} - TP_{S,EFF} \right) = 曝气池中颗粒状TP（kg） \tag{7.26}$$

用式（7.24）和式（7.26）代替式（7.23），结果是：

$$SRT = \frac{V_{AT} \times \left(TP_{AT} - TP_{S,EFF} \right)}{\left(Q_{INF} \times TP_{INF} - Q_{EFF} \times TP_{EFF} \right) + Q_{EFF} \times \left(TP_{EFF} - TP_{S,EFF} \right)}$$

$$SRT = \frac{V_{AT} \times \left(TP_{AT} - TP_{S,EFF} \right)}{Q_{INF} \times TP_{INF} - Q_{EFF} \times TP_{S,EFF}} \tag{7.27}$$

水线中流量平衡为

$$Q_{EFF} = Q_{INF} - Q_{WAS} \tag{7.28}$$

因此：

$$SRT = \frac{V_{AT} \times \left(TP_{AT} - TP_{S,EFF} \right)}{Q_{INF} \times \left(TP_{INF} - TP_{S,EFF} \right) - Q_{WAS} \times TP_{S,EFF}} \tag{7.29}$$

也因为 Q_{WAS} 通常流量较小，且污水处理厂的出水中的正磷酸盐浓度通常较低（通常在 1～3 mg/L），如果剩余污泥流量未知，通过剩余污泥离开系统的溶解性磷酸盐可以被忽略，因此 SRT（d）可以根据计算：

$$SRT = \frac{V_{AT} \times \left(TP_{AT} - TP_{S,EFF} \right)}{Q_{INF} \times \left(TP_{INF} - TP_{S,EFF} \right)}$$

式中：V_{AT} —— 活性污泥池容积，m^3；

TP_{AT} —— 曝气池总磷浓度，kg/m^3；

Q_{INF} —— 进水流量，m^3/d；

TP_{INF} —— 污水及曝气池溶解性磷酸盐，kg/m^3；

$TP_{S,EFF}$ —— 进水总磷浓度，kg/m^3。

表 7-6 给出了以 Zagreb 污水处理厂为例的 SRT 的不同计算方法。根据从活性污泥表征得到的 P 与 TSS 的恒定比值（表 7-1），也可以计算出 TSS 或 COD 单位污泥产量。

在上面的计算中，我们假设 WAS 和 AT 中的正磷酸盐与出水中的正磷酸盐相同，即假设二沉池中没有释放磷酸盐。然而，有时二沉池中会出现释磷的现象，特别是在生物除磷系统中。在二沉池会释放磷酸盐的情况下，简化的假设是不合理的，因此应该补充测量相关磷浓度。通常情况下，可以假设在曝气池中测量的正磷酸盐和在出水中测量的正磷酸盐是一样的。算例给出的 SRT 计算方法不包括生物体内磷含量。当需要考虑时，这些生物体内磷含量需要包括在内。

表7-6　SRT计算的方法示例（以Zagreb污水处理厂为例）

	单位	值
活性污泥池中颗粒态物质		
TPx	kg	2 605
CODx	kg	177 057
VSS	kg	138 297
TSS	kg	178 403
剩余污泥中颗粒态物质		
TPx	kg/d	529
CODx	kg/d	35 889
VSS	kg/d	28 081
TSS	kg/d	36 252
出水中颗粒态物质		
TPx	kg/d	10
CODx	kg/d	709
VSS	kg/d	556
TSS	kg/d	718
SRT 计算 P 的流向		
TP（进水）	kg/d	1 643
TPs（出水中的磷酸盐）	kg/d	908
SRT		
基于 TSS 的计算值	d	4.8
基于 COD 的计算值	d	4.8
基于 TP 的计算值	d	4.8
基于进水 TP 的计算值	d	4.7

第8章

二次沉淀池评估

8.1 简介

在评估活性污泥处理厂的运行效果时，也应考虑到二次沉淀池的作用，因为这些过程单元的运行决定了污水处理厂的运行和出水水质。用于评估二次沉淀池运行的模型与活性污泥模型有很大不同。与活性污泥微生物的代谢相反，二次沉淀过程非常复杂，完全模拟的难度巨大，因此很难用机械模型来描述。相反，用于描述和设计二次沉淀池的模型一般基于实践中总结的经验公式。英国标准（WRC）、德国标准（ATV）和荷兰标准（STOWA）都是被广泛认同的二次沉降设计标准。除了这些标准，还有通用的经验和基于通量理论的设计方法。所有这些准则和设计方法都可以使用。然而，出于在工程运用中，有些标准比其他标准更常用。本章将解释这5种最广泛使用的设计步骤。本章的目的是说明各种原则的使用方式，哪些数据被用于设计和结果如何相关。结果表明，不同的设计方法会导致设计的二次沉淀池产生很大差异。在污泥特性（典型的沉降性指标，如SVI）未知的情况下，设计人员的判断和经验有很大的参考价值。在这个评估中，所有的设计方法都同时被用来支持专家的判断。在污泥特性不确定的情况下，通过同时使用多种设计方法，可优化沉淀池设计和可选择的参数（如允许溢流率或表面负荷）。本章以 Vinkovci 污水处理厂进行的设计改造为例，说明二次沉淀池设计的方法。首先介绍改造设计结果（表8-1和表8-2），表8-1给出了5种不同设计方法（经验法、通量法、STOWA、ATV和WRC）的输入参数。表8-2给出了几种流体条件（ADWF、PDWF和PWWF）的设计结果。此外，还计算了5种设计结果的平均值（在本研究中，所有设计方法的权重都是相等的）。接下来的章节中，我们将解释不同设计方法背后的原理。同时比较了不同的污泥沉降表征方法，以比较不同设计方法中的关键参数（如 $SSVI_3$、$SSVI_5$、SVI 和 DSVI）。这部分内容可以在8.3节"污泥可沉降性替代指标"中找到。

表8-1 二次沉淀池设计模型输入参数

WWTP Vinkovci 一般参数	代码	单位	值
测定的 30 min SVI	SVI_{30}	mL/g	150
污泥浓度	MLSS	kg/m³	5.2
旱季平均流量	ADWF	m³/h	371
旱季峰值流量	PDWF	%	150
旱季峰值流量	PDWF	m³/h	557
雨季峰值流量	PWWF	%	243
雨季峰值流量	PWWF	m³/h	903
通量理论			
初始沉淀速度	v_0	m/h	6.1
阻碍沉淀参数	phin	m³/kg	0.42
面积安全系数	F_{corr}	—	1.0
WRC			
搅拌 SVI 3.5	SSVI3.5	mL/g	84
面积安全系数	F_{corr}	—	1.0
ATV-STOWA			
稀释 SVI	DSVI	mL/g	126
DSVI·MLSS	DSV30	mL/g	657

表8-2 流体条件的设计结果

WWTP Vinkovci 一般参数	单位	Empirical	Flux	WRCm	ATV（1976）	STOWA	MEAN
设计表面积	m²	900.5	1 304.5	977.1	2 243.0	1 037.9	1 292.6
目前可用表面积	m²	1 320.4	1 320.4	1 320.4	1 320.4	1 320.4	1 320.4
需外加表面积	m²	−419.9	−15.8	−343.3	922.7	−282.5	−27.8
扩充表面积	%	0.7	1.0	0.7	1.7	0.8	1.0
外加池直径	m	29.0	29.0	29.0	29.0	29.0	29.0
需增加池数	个	−0.6	−0.5	−0.5	+0.5	−0.4	0.0
旱季平均流量时							
溢流，QADWF	m³/h	371.1	371.1	371.1	371.1	371.1	371.1
表面溢流速率	m/h	0.4	0.3	0.4	0.2	0.4	0.3
外回流流量	m³/h	667.9	350.7	977.1	745.3	745.3	697.2
表面流速	m/h	0.7	0.3	1.0	0.3	0.7	0.6
外回流比		1.8	0.9	2.6	2.0	2.0	1.9
回流污泥 TSS 浓度	kg/m³	8.1	10.7	7.2	7.8	7.8	8.3
固体负荷率	kg/（m²·h）	6.0	2.9	7.2	2.6	5.6	4.8

WWTP Vinkovci 一般参数	单位	Empirical	Flux	WRCm	ATV（1976）	STOWA	MEAN
旱季峰值流量时							
溢流，QADWF	m³/h	556.6	556.6	556.6	556.6	556.6	556.6
表面溢流速率	m/h	0.6	0.4	0.6	0.2	0.5	0.5
外回流流量	m³/h	667.9	350.7	977.1	745.3	745.3	697.2
表面流速	m/h	0.7	0.3	1.0	0.3	0.7	0.6
外回流比		1.2	0.6	1.8	1.3	1.3	1.3
回流污泥 TSS 浓度	kg/m³	9.5	13.5	8.2	9.1	9.1	9.9
固体负荷率	kg/（m²·h）	7.1	3.6	8.2	3.0	6.5	5.7
雨季峰值流量时							
溢流，QADWF	m³/h	902.9	902.9	902.9	902.9	902.9	902.9
表面溢流速率	m/h	1.0	0.7	0.9	0.4	0.9	0.8
外回流流量	m³/h	451.5	1 065.4	977.1	745.3	745.3	796.9
表面流速	m/h	0.5	0.8	1.0	0.3	0.7	0.7
外回流比		0.5	1.2	1.1	0.8	0.8	0.9
回流污泥 TSS 浓度	kg/m³	15.6	9.6	10.0	11.5	11.5	11.6
固体负荷率	kg/（m²·h）	7.8	7.8	10.0	3.8	8.3	7.6

8.2　二级沉淀池设计效果案例

从表 8-2 可以看出，不同的计算方法得出所需的沉降面积参数相差很大。可以通过测试几种典型的设计输入参数值（如不同的 SVI 和 MLSS 输入），验证它们对不同设计输入参数的敏感性。因此，基于常规运行和实际经验，需要所有输入的数值都在实际运行的参数范围内。

一般来说，德国设计标准 ATV 是最保守的设计方法，因此计算出的沉淀池表面积最大。在这个例子中，ATV 方法需要额外 170% 的表面积。其他方法则不那么保守，说明目前的沉淀池表面积是足够的（不需要扩展）。经验设计法和英国 WRC 法计算得到了最小沉淀池面积。这几种方法的差异主要由于德国的污水标准比英国要严格得多。在德国污水二级处理已经广泛普及，而在英国的污水处理工艺中仅仅能够去除水中的 COD。荷兰的情况也类似，因此 STOWA 提出了一个不同的设计方法，设计结果比德国 ATV 方法设计面积更小。所提出的 5 种方法的平均设计值可为沉淀池设计提供了一个通用和客观参考依据。然而，根据所要求的设计出水标准，5 种设计方法中的一种（或多种）可以在设计中考虑给予更多的权重。

8.2.1　水力表面负荷的经验设计

在经验模型中，输入的典型表面负荷和污泥负荷值可从文献中找到，或可以参考运行效果良好的污水处理厂的相关参数。由于其他方法有实际局限性，常用的方法是经验法，这样可以简化了设计。经验设计规则源于工程经验。根据最大过流负荷和最大悬浮物负荷，或其他标准选择，选择所需的沉淀面积。在这种情况下，预计 PDWF 最高为 1 m/h 或 PWWF 最高为 2.0 m/h。此外，干燥天气下二次沉淀池的负荷不应超过 6 kg/m^2，临时雨季时负荷不应超过 15 kg/m^2。每个设置都会计算出不同规格的二次沉淀池面积。选择其中最大的面积。回流比通常在 0.5～1.0。

8.2.2　ATV计算方法

ATV 和 STOWA 设计都是基于数值为 126 mL/g 稀释污泥体积指数（DSVI），该数值源于 WWTP 典型值。DSVI 的输入灵敏度低于 WRC 和 Flux 模型，但设计值仍然是估计的参数。最后，同样在 STOWA 方法和 ATV 方法中，对 DSVI 的几个数值进行验证，找出了允许表面荷载的差异，如此又回到了经验方法中。

ATV 和 STOWA 都是基于 DSVI 测定值来设计的。DSVI 测定本质上是在更均匀的条件下进行的 SVI 测试。DSVI 测定需要用污水稀释污泥样品，使沉淀体积在 150～250 mL。在 DSVI 的基础上，介绍了与污泥沉降量有关的两个概念。其中用 mL/L 表示的 DSV_{30} 为在测试条件下的 MLSS 固定体积如下：

$$DSV_{30}= X_F \cdot DSVI \tag{8.1}$$

污泥体积负荷率 [Q_{SV} 单位为 L/（m$^2 \cdot$h）] 为

$$Q_{SV}=Q_I/DSV_{30} \tag{8.2}$$

这是沉淀池中沉淀污泥体积负荷，与悬浮物负荷相同，但是用的不是重量而是用体积表示。允许的溢出率取决于 DSV_{30}。q_0 必须小于 1.6 m/h。

$$q_0=2\,400\times DSV_{30}^{-1.34} \tag{8.3}$$

根据 DSVI 试验，和污泥的可压缩性，以及在给定条件下所能达到的最大污泥浓度，估算出所需的回流比。

在平均干旱天气条件下流量情况：

$$X_{R,ADWF}=\frac{1\,200}{DSVI} \tag{8.4}$$

在多雨天气下的流量情况：

$$X_{R,PWWF} = \frac{1\,200}{DSVI} + 2 \qquad (8.5)$$

根据二次沉淀池物料平衡计算必要的循环流量：

$$(Q_I + Q_R) \cdot X_F = Q_R \cdot X_R \qquad (8.6)$$

式中：Q_I —— 进水流量，m^3/h；

$\qquad Q_R$ —— 回流流量，m^3/h；

$\qquad X_F$ —— 生物反应器内混合液污泥浓度，kg/m^3；

$\qquad X_R$ —— 回流污泥浓度，kg/m^3。

8.2.3　STOWA计算方法

ATV 和 STOWA 设计都是基于数值为 126 mL/g 稀释污泥体积指数（DSVI）。STOWA 设计程序是紧密基于 ATV 设计。允许的溢出率取决于 DSV_{30}。

$$Q_0 = 1/3 + 200/DSV_{30} \qquad (8.7)$$

根据 ATV 计算污泥体积负荷率 $Q_{SV}[L/(m^2 \cdot h)]$。该负荷率必须在 300～400 $L/(m^2 \cdot h)$。回流量的计算方法与 ATV 方法相同。

8.2.4　WRC设计原则

WRC 设计程序是基于 $SSVI_{3.5}$ 测试，这在理论上提供了最可靠的可沉降性测定。本例中污泥的 $SSVI_{3.5}$ 为 84 mL/g（正常沉降数值）。在本例中，根据 WRC 原则计算的池容是倒数第二少的（表 8-2）。WRC 模型包含基于由 30 个二次沉淀池运行数据统计得到了与模型拟合的经验公式。

与流量理论一样，WRC 模型对污泥特性的变化非常敏感。最微小的参数变化也会使二次沉淀池表面负荷产生很大的差异，因此，在实践中应该多次建立污泥特性，并随时间的推移，得到可靠的模型。

WRC 方法的临界循环比计算公式为

$$q_{R,crit} = 1.612 - 0.007\,93 \cdot SSVI_{3.5} - 0.001\,5 \cdot \max\left[0,(SSVI_{3.5} - 125)\right]^{1.115} \qquad (8.8)$$

所需面积是根据英国 30 家污水处理厂的通量沉降参数获得的经验公式计算得出，该公式与 $SSVI_{3.5}$ 相关。

$$A = \frac{X_F \cdot Q_{PWWF}}{306.86 \cdot q_{R,crit}^{0.68} - X_F \cdot q_{R,crit}} \qquad (8.9)$$

计算 PWWF 溢流速率时要添加 125% 的安全系数。在评价 WRC 方法时，由于英国污水处理厂的污泥和水利负荷普遍较高，因此该设计的出水中悬浮物浓度相对较高（20～

30 mg/L）。衍生的 WRC 模型也是在同样的范围内执行。此外，WRC 模型是基于批量沉降试验的，在实际条件下，由于水力学和物质密度的流动，沉降过程恶化，使该模型的性能总是优于实际条件。因此只有当污泥特性准确可用时，才能使用 WRC 方法进行计算。同时应该在设计中要额外考虑 125%的安全系数。WRC 方法适用范围较窄，特别不适于欧盟标准的低负荷系统的设计。

8.2.5　通量理论

　　污泥的 Vesilind 沉降参数可通过一系列区域沉降实验得出。在通量理论的实际应用中，相比理论计算结果，工程中表面面积需要额外增加 25%的安全冗余。这是由于实际沉淀池结构存在缺陷，导致通量理论中理论计算与实际有所偏差。与 WRC 方法一样，流量理论的可靠性在很大程度上依赖于污泥沉降性能的精确测量。本研究典型的设计参数如表 8-1 和表 8-2 所示。因此，与这里介绍的其他方法一样，通量计算方法对（精确）设计评估也有一定的价值。因此，这些计算应该被视为是该方法的示例。然而，使用以上 5 种设计标准能有效地预测之后污水处理厂运行中的污泥沉淀性能。根据通量理论可以计算出不同污泥浓度下的沉淀速率。

$$V_{\text{S,MLSS}} = v_0 \cdot e^{(\text{phin}\cdot\text{MLSS})} \tag{8.10}$$

8.3　污泥可沉降性替代指标

　　区域沉降速度试验因为非常烦琐和耗时，不太适合污水处理厂的常规使用。由于这个原因，许多研究人员试图寻找其他方法来表达污泥的可沉降性。[1]

　　污泥体积指数（SVI）可能是最著名和应用最广泛的污泥沉降试验。在这个测试中，在一个校准的圆锥或圆筒中加入一定体积的混合液体（如 1 L）。在一定时间（如 30 min）后，读取污泥体积，在确定初始污泥浓度后，计算出每克污泥的沉降体积。这个数字表示污泥体积指数（SVI 或 SVI30）。由于该测试的执行极其简单，得到广泛的应用。然而，该测试难以对污泥沉淀性定性测量。主要原因是污泥体积指数与污泥浓度有关，而污泥真正的沉降性能与污泥浓度无关。

　　稀释污泥体积指数（DSVI）可以消除污泥浓度的影响。其试验基于以下观察：当沉降后的污泥体积小于初始体积的 25%左右时，计算出的 SVI 值实际上是恒定的，不依赖于初始污泥浓度。DSVI 可以由以下步骤得出：按批次稀释污泥，直到稀释后的悬浮液沉淀后的体积为每升初始体积 200 mL 或更少。

　　搅拌污泥体积指数（SSVI）是单位体积的悬浮污泥在量筒中轻轻搅拌，沉淀 30 min

后的体积。除非区域沉降速度极低（＜1 m/h），SSVI 的沉淀速度几乎与初始污泥浓度无关。为了量化这些沉降性差的污泥的可沉降性，通过设定标准污泥浓度为 3.5 g/L，从而定义了 SSVI$_{3.5}$。通过总结荷兰 25 个活性污泥中的 SSVI$_{3.5}$ 和 DSVI 值，二者存在一个包含一个常数的转化关系：

$$I_{ssv} = cp \cdot I_{dsv} \tag{8.11}$$

式中：

$$I_{ssv} = SSVI_{3.5}$$
$$I_{dsv} = DSVI$$

cp=比例常数（cp 的平均值为 2/3）

通过不同分数活性污泥测试，结果表明比例常数 cp 的值取决于挥发性污泥的活性分数 f_{av}：

$$cp = 1 - 0.35 \cdot f_{av} \tag{8.12}$$

Vesilind 方程常数与 I_{ssv} 之间存在经验关系。二者有如下关联：

$$v_0 / k = 68 \cdot \exp(-0.016 \cdot I_{ssv}) \tag{8.13}$$
$$k = 0.88 - 0.393 \cdot \log(v_0 \cdot k) \tag{8.14}$$
$$v_0 = (v_0 / k) \cdot k \tag{8.15}$$

$$v_0 = (10.9 + 0.18 \cdot I_{ssv}) \cdot \exp^{(-0.016 \cdot I_{ssv})} \tag{8.16}$$

在活性污泥法实用的 I_{SS} 值范围内，式（8.16）的变化几乎是线性的，因此可以简化为：

$$v_0 = 11.2 - 0.06 \cdot I_{SSV} \tag{8.17}$$

通过分析数据，可以验证了 v_0/k 与 k 之间存在关系：已知 k 值，现在可以借助式（8.13）和式（8.14）计算。

通过重新排列［式（8.13）、式（8.14）和式（8.15）］，k 和 v_0 可以明确表示为 I_{ssv} 的函数。把式（8.13）替换成式（8.14），就得到：

$$k = 0.16 + 2.7 \cdot 10^{-3} \cdot I_{SSV}$$

城市污水中污泥浓度和活性污泥组成对可沉降常数 k、v_0 值有影响，其具体关系如下：

$$l_{SSV} = 25 + 25 \cdot f_{av} + 5X_t \tag{8.18}$$
$$l_{SSV}/I_{dsv} = 1 - 0.35 f_{ov} \tag{8.19}$$
$$k = 0.16 + 0.003 \cdot I_{SSV} \tag{8.20}$$
$$v_0 = 16 - 0.1 \cdot I_{SSV} \tag{8.21}$$

综上可知：污泥浓度和组成影响着可沉降常数的取值。污泥浓度的影响较小，污泥组成（活性组分）对 I_{SSV} 的影响非常显著，因此对 k 和 v_0 的值也有显著影响。活性污泥分数越低，污泥沉降性越差。

8.4 结论

从上面的计算可以看出，世界范围内的二次沉淀池设计原则存在明显的差异，这一论证导致了溢流和底流速率的差异（表 8-2）。基于经验设计的二次沉淀池、通量理论和 WRC 原理设计的二次沉淀池具有相对较小的表面积，需要采用较大的泵从底部以较低的浓度去除沉淀污泥。ATV 和 STOWA 指南则引导建造更大的沉淀池，并且依赖于良好的污泥沉降性，因此需要相对较低的循环泵速。一种客观可靠的设计方法是使用上述所有的计算方法，从中得出合理的平均设计值。这个平均值可能基于取决于所需的出水水质相等的权重，所选权重会影响加权平均的设计结果（加权平均结果可如表 8-2 一样放置最后一列）。

参考文献

[1] Sahlstedt K，Aurola A M，Fred T .Practical Modelling of a Large Activated Sludge DN-process with ASM3[M]. Iwa Publishing，2004.

第 9 章

采样方法设计

9.1 简介

采样工作包括：①收集关于 WWTP 整体的日常运营数据；②收集可用于评判处理工艺或过程性能的数据；③收集污水处理厂任何新项目改动信息；④获得记录报告所需的其他数据。在这个阶段，我们已经完成了设计的所有步骤，并且已经定义了所有可能需要获得的污水处理厂信息，以进行模型设计研究。一般来说，这些信息是：

- 进水特征化测量
- 物料平衡测量
- 活性污泥特性测定
- 污水特性描述
- 所有其他必要信息

按照建模方法中的步骤，依次编制污水处理厂数据库、构建工艺流程图（PDF）并定义待研究污水处理厂的区域后，就可以制定测量计划。根据第 8 章中提出的建模方法和污水处理厂评估方法，对污水处理厂进行测量。

根据上面列出的需要测量的数据信息，可以得出这样的结论：在所有的建模研究中，所需的大部分污水处理厂测量数据都是相同的；在所有设计研究中，进水、出水和活性污泥的测量都需要统一标准。因此，采样计划的大部分内容可以预先设计，并且对于所有的模型设计研究都是通用的。本章以萨格勒布污水处理厂为例，预先制订了采样计划，并在计划中列入了业务评估所需的具体污水处理厂资料。其中采样工作的位点布置和测定内容如表 9-1、表 9-2、表 9-3 和图 9-1 所示。

表9-1　PFD和测量位点样品

位点	代号	位置描述	备注
1	Q1	原污水	根据进水特征分析方法检测
2	Q2	初沉池进水	检查内部流量
3	Q3	初沉污水	根据进水特征分析方法检测
4	Q4	活性污泥池	TSS、ISS/VSS、COD、TKN、TP
5	Q5	出水	BODsr、TSS、COD、COD_f、TKN、NH_4^+、NO_3^-、TP、PO_4^{3-}
6	Q6	脱水污泥	TSS、VSS、COD、TKN、TP
7	Q7	内回流	NH_4^+

表9-2　模型设计研究所需水质参数总结

参数	代号	单位	备注
总悬浮固体	TSS	mg/L	20 μm 滤纸过滤，105℃烘干
无机悬浮固体	ASH	%	550℃下焚烧后 TSS
干物质	DM	mg/L	在玻璃皿中蒸发后的总样品，包括溶解盐
干物质中的污泥成分	IM	%	550℃下焚烧后干物质，包括溶解盐
pH	pH		pH 电极测定
碱度	Alk	mg/L	
钙	Ca	mg/L	
镁	Mg	mg/L	
溶解氧	DO	mg/L	DO 电极测定
总铁	TFe	mg/L	总样品（包括固体和液体）
总磷	TP	mg/L	总样品（包括固体和液体）
磷酸盐	PO_4^{3-}	mg/L	1.2 μm 玻璃滤膜过滤后（溶解态）
总 COD	TCOD	mg/L	总样品（包括固体和液体）
玻璃过滤 COD	COD_{Gf}	mg/L	1.2 μm 玻璃滤膜过滤后（溶解态）
微过滤 COD	COD_{Mf}	mg/L	0.45 μm 膜滤膜过滤后（溶解态）
VFA COD	VFA	mg/L	乙酸+丙酸，勿用聚乙酸滤膜
乙酸	HAC	mg/L	勿用聚乙酸滤膜
BOD_5	BOD_5	mg/L	总样品（包括固体和液体）
玻璃过滤 BOD_5	BOD_{GF}	mg/L	1.2 μm 玻璃滤膜过滤后（溶解态）
总凯氏氮	TKN	mg/L	总样品（包括固体和液体）
氨氮	NH_4^+	mg/L	总样品（包括固体和液体）
硝氮和亚硝氮	NO_x	mg/L	总样品（包括固体和液体）

表9-3　WWTP Zagreb模型研究中采样安排示例

代号	体积	描述（样品类型）	进水 Q1	初沉池进水 Q2	初沉污水 Q3	活性污泥池 Q4	出水 Q5	脱水污泥 Q6	内回流 Q7	外加分析测试总计	外加分析测试总计	总指标成本（EUR）
		PFD代号	n.a.	n.a.	n.a.	n.a.	n.a.	n.a.	n.a.			
		WWTP代号 / SCADA代号	n.a.	n.a.	n.a.	n.a.	n.a.	n.a.	n.a.			
		样品类型	24 h流量加权	取样	取样	取样	取样	24 h流量加权	取样			
TSS		滤纸过滤（固体部分）	1	1	1	1	1	1		6	6	57.6
ASH		滤纸过滤（溶解部分）	1		1	1		1		4	4	24.0
DM		总样品								0	0	0.0
IM		总样品								0	0	0.0
pH		总样品	1				1			2	2	12.0
Alk		总样品	1							1	1	7.2
Ca^{2+}		总样品	1							1	1	7.2
Mg^{2+}		总样品	1							1	1	7.2
DO		总样品	1			1	1			3	3	21.6
TFe		总样品								0	0	0.0
TP	100 mL	总样品	1	1	1	1	1	1		6	6	79.2
PO$_4^{3-}$	100 mL	滤纸过滤（溶解部分）	1		1				1	4	4	28.8
TCOD	100 mL	总样品	1		1	1	1	1		5	5	66.0

代号	体积	样品类型	进水	初沉池进水	初沉污水	活性污泥池	出水	脱水污泥	内回流	外加分析测试总计	外加分析测试总计	总指标成本（EUR）
描述 PFD代号			进水	初沉池进水	初沉污水	活性污泥池	出水	脱水污泥	内回流			
WWTP代号			Q1	Q2	Q3	Q4	Q5	Q6	Q7			
SCADA代号			n.a.	n.a.	n.a.	n.a.	n.a.	n.a.	n.a.			
样品类型 取样点准备			24 h 流量加权	取样	取样	取样	取样	24 h 流量加权	取样			
COD_{Gf}	200 mL	滤纸过滤（溶解部分）	1		1					2	2	45.6
COD_{Mf}	200 mL	滤纸过滤（溶解部分）	1		1		1			3	3	68.4
VFA		滤纸过滤（溶解部分）								0	0	0.0
HAC		滤纸过滤（溶解部分）	1		1					2	2	28.8
BOD	500 mL	总样品	1		1		1			3	3	43.2
BOD_{GF}	500 mL	滤纸过滤（溶解部分）	1		1					2	2	28.8
TKN	200 mL	总样品	1	1	1	1	1	1		6	6	79.2
NH_4^+	50 mL	滤纸过滤（溶解部分）	1		1		1		1	4	4	28.8
NO_x	50 mL	滤纸过滤（溶解部分）	1		1		1			3	3	21.6
合计			18	3	13	6	11	5	2	58	58	656.2

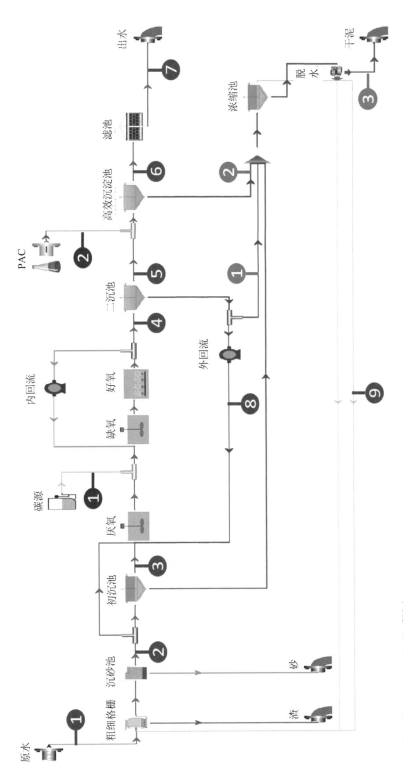

图9-1 展示WWTP测试点的PFD图

注：图中①～⑨为不同位置设定的采样点。

9.2 测量计划示例

附录所示的测量计划包括所有测量项目和所有测量点。还增加了采样类型（瞬时水样或 24 h 复合水样）、水样数量以及如何准备实验室分析（过滤或全部）和分析加权水样的信息。表 9-2 中还提到了工艺流程图中使用和操作或典型 SCADA 数据采集系统中使用的代号。测量表以矩阵形式描述采集的样品水量，并对每个水样和采样点进行自动计数。这个信息清单可以帮助检查是否获得了所有需要的样品。最后，在表 9-2 中统计每个水样的成本以便于预算管理。

9.3 采样方案设计的一般建议

一个完善的采样分析计划不仅应该给出测量的类型（如 COD、TKN、TP）和位置（如进水、出水或曝气池），还应该设定测量频率，以及具体的样品、处理、储存方案，并安排实验室分析测量计划。制订测量计划是为了将这些信息传达给负责采集样品的工作人员（操作人员或污水处理厂技术人员）和测量样品的实验室人员。最好的方法是将这些信息归纳总结在一张表格中。此外，还应编制一份专用的工艺流程图，说明与计划有关的所有精确测量点。

在设计采样运行时，必须把下列实际问题作为一个基本问题来处理：

- 为什么——抽取水样的目的是什么？
- 什么——要获取哪些参数？
- 哪里——取样点在哪里？
- 何时——样品什么时候取？
- 多久——每个采样参数的频率是多少？
- 怎样——如何执行采样？
- 人员——谁来提取样品，谁来分析？
- 器材——收集、储存和分析样品的设备是什么？

水质数据的 6 个标准：

（1）收集代表性水样；

（2）制订采样计划的目标；

（3）正确处理和保存水样；

（4）适当的对接方式和水样统一编号；

（5）现场水质保证；

（6）正确的分析。

为了保证模型的准确性，采集的样品必须具有代表性、可重现性、正确性和实用性。同时，包括工程师和运行人员在内的所有涉及人员，都要对采样过程和安排足够熟悉。因此，组织相关会议并将采样测量计划准确地传达给相关人员是十分必要的。在相关会议中，应该清楚地说明项目的目标是什么，具体的度量标准是什么，以及获取准确信息的重要性。此外，对相关人员进行短期采样技术培训也是更有效的手段。实时有效地与污水处理厂和实验室人员沟通交流也能保证测量计划准确无误地被执行。在可能的情况下，应该提供一套具体实施范例供项目人员参考。设计师通常偏向用自己熟悉的符号来指示流程（例如在流程图中使用逻辑编号 Q1～Q8 来指示流量的物料平衡），但为了有效地传达这一信息，过程的实际名称单位也需要列于表中。同样，在水样分析和测量数据时，采样检测设计者可能习惯用的名称不一定总是符合实际方法或实验室常用名称。因此，测量计划也应与实验室人员进行核对并检查全部测量方案（分析方法和设备）。

在模型设计研究中，应在干燥天气条件下进行采样测量。在实践中，当时的天气是否满足或者哪个时段满足都是不确定的。通常建议在连续 3 d 没有降水的条件下采样。因此，虽然不能确定某一天进行采样，但是可以将天气条件适合的一段时间列入采样计划。

一些测定需要 24 h 内连续采样，这类工作可由装置自动完成。这类装置提前启动后可以按照设置的频次采集所需要的样品。应该记住的是，为了能够在指定时间收集样品，必须在前一天通知操作人员。由于采样程序包含多个测量点，每个测量点需要测量多个参数，收集的样品水量会迅速增加。例如在 Zagreb 的小型污水处理厂单日内采集的水样就多达 58 个。此外，应该注意到的是每个采集样品的水量应该满足实验室分析测定、清洗过滤、多组平行测定所需，并且最好还要考虑样品意外泄漏下的冗余样品量。

另外，实验室要有一天内处理储存大量样品的能力，以便后续测量。有的水样经过简单处理后即可储存，而有的重要的样品在储存前要经过预处理（如过滤）。同样，有些样品因其易降解转化而不能储存，因此需要尽快测试分析。因此，需要紧密地与实验室人员沟通并根据样品特性制订化验分析计划，减少测量误差并避免重新测定。

9.4 样品鉴定及数据表

在上述例子中，在样品测量计划中有 58 个样品需要在一天内进行分析。显然，这需要对采集的水样进行良好的标识和管理。所有水样信息都应当妥善保存记录，并统计在一个统一的清单中。该清单和水样容器上必须包含有关样品的必要信息。水样容器的标签要求：

（1）取样点位置；

（2）如果样品箱数量大于 1，请注明集样品箱编号；

（3）样品收集装置名称；

（4）设备名称/位置；

（5）采样日期及时间；

（6）瞬时样还是 24 h 混合样；

（7）测量项目——哪些指标需要测量；

（8）防腐剂的使用情况。

建立采样程序管理清单是保证样品质量的必要条件。以下清单可用于制作水样采集计划的统计表。如果污水处理厂有常规的采样计划，应当已有类似的采样统计表。考察这些现有的表单信息以及测试表中的信息是否可用比盲目构建全新的表单更有效率。

- 项目编号　给项目分配一个数字，这个数字可以标记于瓶子上跟踪样品
- 取样人员　取样人应打印和/或签名
- 项目名称　项目名称，如有必要，项目地址
- 联系人　　项目负责人的姓名
- 电话号码　可以联系项目联系人的电话号码
- 样品日期　列出瞬时/24 h 混合水样的日期
- 采样时间　列出每个水样的采样时间
- 采样类型　混合样：24 h 内采集混合
　　　　　　瞬时样：瞬时抓取的样品
- 采样地点　取得样品的地点
- 容器水量　列出每个采样事件的容器水量和类型
- 分析要求　列出与官方方法相适应的分析
- 分割样品　当样品被分割成不同的比例进行分析时，接收样品的人员可以接受或拒绝样品，须签字
- 备注　　　注意实验室样品的特殊要求

9.5　限制结果有效性的因素

在评估采样方案的结果时，有几个因素会限制结果的有效性，例如：
- 遗漏的数值
- 采样频率在记录期间发生变化

- 采样周期内的多方面观测
- 样品保存和测量过程中的不确定性
- 检测信号的审查
- 水样量小
- 数据处理不当
- 设备不准确

9.6 分析测量方面的实际建议

依据在多个实际污水处理厂中执行过程中的经验，在采样程序或分析测量中记录了一些典型重复出现的错误，举例如下：

（1）浓缩污泥样品和稀释的 MLSS 样品的悬浮固体分析测量方法不同。如果浓度超过一定范围，将不适合过滤、干燥和称重的污泥浓度测定方法。在这种情况下，通常采用蒸发法（将样品中水分蒸发干）。在低污泥浓度样品中，这种方法会损失溶解性盐的重量，进而得出的结果不能代表样品悬浮固体的重量。特别是在测量活性污泥、浓缩污泥和污水时，应考虑到这一点。对于浓缩的污泥（＞20%），则可使用蒸发法。

（2）在测量需要滤除悬浮固体的样品时，为了避免样品被稀释，滤纸、滤膜不能用除水样之外的液体冲洗。

（3）在处理含有悬浮物的样品时，在取样或者转移污泥水混合物过程中，需要搅拌并保持混合均匀。需要注意的是，TSS 测量对于模型设计的研究是必不可少的，但同时很难准确地采样。建议指导工作人员如何采集可靠的 TSS 样品。

（4）在测量活性污泥特性时，所有样品都应该从同一容器中取出，因为 TSS 的相对浓度和 VSS 样品中的 COD、TKN、TP 浓度是相关的。

（5）一个常见的问题是悬浮固体的消解，这是分析测量 TP（以及 COD 和 TKN）所必需的流程。当消解过程不够长时，TP 含量就会偏低。尤其是采取化学除磷后需要足够的消解时间分解沉淀的磷元素。

（6）在反硝化作用发生之前，应迅速测量含有活性污泥（反硝化菌）样品中的硝酸盐。

（7）由于同样的原因，无法测量含有活性污泥样品（异养菌）中挥发性脂肪酸。活性污泥可以立刻消耗水样中的 VFA。因此，需要取样后应立即过滤处理，并冷藏保存。

9.7　水质监控的一般方法

　　一般来说，有一种基于水监测系统而设计的标准的方法，从这个方法可以导出污水处理厂的采样程序的步骤（共 6 步）：

（1）评估现有信息

◆ 污水收集和处理设施

- 生活污水

- 工业废水

- 合流制污水渠溢流及抽水站

- 污水处理厂

◆ 实验室规模和试点污水处理厂调查

- 污水处理厂

- 污水收集管网

（2）信息预期评估

◆ 水质目标

◆ 水质问题

◆ 管理目标和策略

◆ 监督污水处理厂管理的人员

◆ 监控目标（作为统计假设）

（3）建立统计设计标准，从统计角度描述被监测主体

◆ 水质的变化

- 季节性的影响

- 相关性（独立性）

- 适用的统计方法

- 选择最合适的统计测试方法

（4）设计监测网络

◆ 取样地点

◆ 测量内容

◆ 取样时间

◆ 采样频率

（5）制订操作计划和程序

◆ 采样路线和采样点

◆ 现场采样分析方案

◆ 样品保存和运输

◆ 实验室分析方案

◆ 水质控制方案

◆ 数据管理和检索硬件及数据库管理系统

◆ 数据分析软件

（6）开发报表格式的报表方案类型

◆ 报告发布频率

◆ 报告（信息）分发

◆ 评估报告能力，以满足最初的信息期望

在以上设计的基础上，可以进行一般的污水和污泥采样程序：

- 采样目的定义
- 确定要进行的分析的类型、范围和所需的准确性
- 确定要收集的样品的性质
- 选择要取样的地点和来源，以及这些地点的取样点
- 确定与取样方案有关的水力学和其他参数
- 对采集水样人员的职业安全卫生考虑
- 编制最佳采样方案
- 选择适合取样源的取样和测量设备，并确定其状态
- 根据既有的方案和选定的设备，为指定的来源/地点选择最合适的取样技术。在实施采样方案时，所使用的技术应符合行业规范，如可靠性、经济性、重复性和节约性
- 选择合适方案，比如样品处理设备和工具，从现场运输到实验室，取样后储存方法
- 考虑现场和实验室中最合适的分析方法，做出最快速的解释，包括可靠性检查，可能的重复采样，以及其他可能影响分析准确性或代表性的因素
- 在可能的情况下利用反馈信息不断修改为最佳采样方案
- 建立数据库，无论是立即使用结果还是将其作为未来主要信息来源储存，无论是短期使用还是长期使用
- 选择适当的系统进行数据管理（处理、传输和操作）
- 选择将在整个方案中使用的文件方法

9.8 结论

从逻辑上讲，在设计研究中执行采样和测量计划是一项复杂的任务，同时也是最重要和关键的一步。因此，需要全面并妥善地考虑测量计划的每个方面。此外，所有参与人员都应该积极地互相沟通交流，并保证参与者熟悉将要执行的测量计划。采集样品的质量直接决定化验分析得出的参数结果。如果采集样品的质量不能得到保证，那么后续化验分析过程再精确也是无用功。通过按照设定的方案进行采样，可以减少出错的机会，提高采样结果的准确性。在整个测量过程中，很多水样都仅有一次采集分析的机会。因为对于动态变化的活性污泥系统，不同时间重新补充采样得出的数据不能代表该指定的时间点污水处理厂的状态。考虑到这一点，在设计研究中，计划中不同位置的同一批的样品需要保证是同时采集的，这样测定的参数才有可比性，并用于污水处理厂评估。因此，单个的瞬时样品往往不具有代表性，这意味着重新采样测量不能补救先前的工作失误。总之，污水处理厂的采样和数据收集是一项重要的活动，需要经验丰富的工程师依照系统和专业的方法制订完善的计划。

第 10 章

活性污泥建模方法

10.1 简介

本章介绍用于模拟活性污泥系统的通用的方案，该通用方案是在 STOWA 方法的基础上扩展了新的见解和更详细的模型校准方法。总体来说，该修订方法给出了污水处理厂建模所需活动的流程，例如制定建模目标、污水处理厂描述、数据收集、模型构建、进水特征化（使用本书中提供的特定方法）、模型微调（校准）、使用其他数据集进行模型验证和报告。该通用方案已在许多建模研究中得到应用和验证。从形式上看，STOWA 议定书可能与本章的内容有所区别，这是由于整个污水处理厂建模准则所涉及的内容比活性污泥建模更广泛。这些准则还包括数据收集、规划时间和资源、信息收集和数据评估方法等方面的信息。此外，在技术层面上，这些准则的范围更广，它们不仅和 STOWA 方法一样描述活性污泥过程，还侧重于描述整个污水处理厂模型。

借助合适的建模软件协助，工程师可以对整个污水处理厂进行建模。可以使用 Biowin 软件对整体污水处理厂进行模拟。该软件不仅包含活性污泥模型，还包括厌氧消化模型（ADM）和离心、沉淀池等常用工艺单元的子模型。从这一点上来讲，STOWA 方法没有覆盖整个污水处理厂所有工艺单元的模型。除了活性污泥系统外，其他污水处理厂的工艺单元也应加以描述和校准。由于污水处理厂中上游工艺单元产生的误差（如初沉池）会传递给下游其他模型，这使得整个污水处理厂模型的建模和校准变得非常困难。如果设计问题纯粹只涉及活性污泥单元，那么此时不建议使用全厂建模。在这种情况下，最好关注活性污泥系统的描述，并测量所有流入和流出的流量。此时，STOWA 模型在该情形下更加实用。另外，应用全厂模型的优点是可以额外采集的污水处理厂运行的整体信息用于故障排除、污水处理厂升级和设计。与仅对活性污泥污水处理厂的建模相比，对整个污水处理厂的建模有更高的价值。从化学计量学和动力学模型的角度来看，ASM 仍然是最复杂的模型（如 ADM 或其他复杂过程单元模型通常用于污水处理厂的描述），因此，把工作重点放在提高活性污泥模型建模和标定的准确性是更高效的选择。

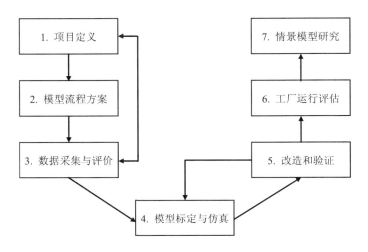

图10-1 通用污水处理厂污水处理建模方法

10.2 建模方法的实际问题清单

通用方案基于进水特征化、模型结构和模型校准等方面。在本书的其他部分已经对进水特征化进行了深入的讨论。在制定方案时，首先需要划定问题范围，即确定不同的水质特征和污泥流特征所需的监测频率和监测位置。实际经验表明，在与荷兰相似的条件下，在大多数案例中 24 h 混合取样都是非常有效的取样方法。在 STOWA 方法中虽然有提及和介绍了模型应用时所需的测量方法，但是该方法却鲜有涉及实际工程的案例。工程经验表明，在污水处理中难以再现如降水等动态事件。原因很简单，引起的事件永远不会以相同的方式再次发生。例如，每次降雨的降水量、时间、变化趋势都是无法重复的。从建模的角度来看，这意味着该模型永远不能使用相同的条件验证。因此，试图测量这些事件并根据这些动态事件进一步校准模型是不可行的。实践经验表明，将工作重心放在模型的准确校准上，可以得到更好、更可靠的结果。当动力学应用于这样的稳态模型，在大多数情况下可以重现代表性的动力学，这对于模型设计、污水处理厂升级和故障排除是非常有帮助的。

开发一个常规模型所需的测量活动的持续时间取决于所需结果的准确性。一般来说，1～3 d 的取样对于标准情况来说是足够的。而对于使用校正模型进行运行优化研究或用于控制策略调整时，建议延长测量周期（分别为 3～7 d 或者至少 7 d）。

如今，即使对于经验不足的建模工程师来说建立一个污水处理厂模型也十分简单，但是仔细现场调研污水处理厂现状并评估收集的关键数据是必不可少的。这主要是由于污水处理厂运行人员经常在不同程度上修改运行工艺，使污水处理厂的实际现状与资料中假定的操作条件出现偏差。对于模型模拟来说，其对流量或控制设定值上的误差比模型参数本身更敏感。[1,2]此外，在建立过程单元的水力模型时，有关模型的单元水量和数量存在很大的不确定性。例如，为了模拟"推流式"预反硝化池的操作，实践表明只需两个隔间就足够了。另外，氧化沟类型的污水处理厂（Carrousel 类型）则需要 10 个以上的隔间。如果需要考虑垂直氧梯度（例如，当应用表面曝气器时），所需要的隔间数量更多。从建模过程控制的角度来看，重要的是经由控制结构实现对过程动力学的正确描述。但是控制算法不一定与实际相一致。例如，可以增加模型中曝气池中的 DO 来模拟（匹配）测量（观察）的 DO。只有当过程控制本身是研究的主体时，控制结构才有必要与实践中实施的过程控制的操作相一致。

活性污泥建模的一个典型步骤是调整模型参数，直到模型结果与实测数据相符。这一步骤称为模型校准。在许多科学出版物和实践研究中，校准仅被用来让模型产生期望的结果。文献中发现的应用参数变化是高度可变的，通常取决于个人的选择，对于哪些参数需要更改以及在哪些条件下需要更改，没有给出一个统一的概念。在 STOWA 方法中，建议逐步校准模型：①污泥组成和生产；②硝化；③反硝化；④生物除磷。在 STOWA 方法中也确定了优先考虑微调的参数。图 10-2 进一步改进了该方法。

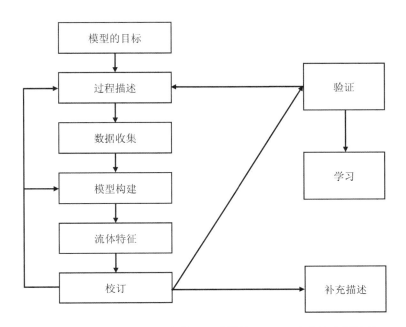

图10-2　用于活性污泥污水处理厂建模的STOWA方案的主要结构

注：通用方案可用于描述整个污水处理厂的模型。

在此过程中，通过从 ASM-TUDP 模型的 52 个参数中选取的 5～7 个参数，将 4 个步骤中的每一步（TSS、COD、TKN、NO_3^-、TP 物料平衡）与实测数据进行匹配，得到了一组独特的模型参数。本章我们将进一步解释这个拟合过程。

一般来说，当尝试根据未处理的原始数据校准模型时，将会延长模型校准所用的时间。校准期间直接引入原始数据是不正确的，因其不能用于物料平衡和数据评估。因此，要么需要校对调整输入测量值，要么需要获得一组新的测量值。在这种情况下，必须重新进行模型校准。因此，在开始详细的测量和校准程序之前，建议特别注意污水处理厂模型的设置。在验证方面，有时用于验证的数据与建模和校准时用的数据相似程度很高（如在建模后经过很短的间隔就采集验证数据），将降低验证过的可信性和准确性。因此，来自明显不同时期获得的数据（如夏季和冬季条件）更适合用于验证工作。

10.2.1　方案结构

通用方案如图 10-1 所示，基于研究目标，该通用方案分为以下 3 个阶段。
- 基础设计时的系统选择
- 现有 WWTP 的处理研究
- 为现有的和新的 WWTP 开发控制策略

模型所需的规范级别和必要监测频率取决于上面提到的目标。其中用于控制策略开发模型规范的级别最高。

10.2.2　建模目标

在克罗地亚进行的 5 个案例研究中，一般的建模目标是：①污水处理厂运行效能描述；②污水处理厂运营优化；③基于设计的污水处理厂升级支持。虽然对于所有基于模型的设计项目以及 STOWA 指南的范围，步骤 1 基本相同，但是步骤 2 和步骤 3 更适合污水处理厂，因此对于每个设计案例来说是不同的。所以，建模方案主要集中在校准模型的步骤，使模型能够可靠地描述污水处理厂的性能。

10.2.3　过程描述

一旦确定了研究的目标，就可以对相关的过程组成部分进行定义。在这里提出的指导方针中，我们建议在建模环境之外构建流程图（工艺流程图）。通常不需要对完整的 WWTP 建模。在模型中，只有那些符合描述过程的部分是有用的（图 10-3）。

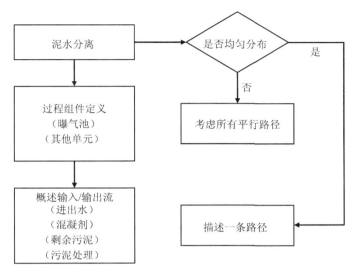

图10-3　过程描述

本书建议采用系统的方法将污水处理厂划分为子系统（一般子系统为预处理、初级处理、污水线和污泥线）。如果活性污泥系统中的污泥/水分布均衡，那么所有的处理线都可以用同样的方式建模。如果分布不均衡，每条处理线必须单独建模。从沉淀池到曝气池中回流污泥的收集和再分配问题也同样地需要解决。这里，不平均的分配会导致不同平行活性污泥单元的操作运行产生剧烈变化。通常，这些信息将包含在描述工艺的流程图中。需要额外注意的是，在对工艺进行建模时，如果两个不同的工艺是单独建模的，那么污水处理厂的数据测定数量将会加倍。一般只有当两条工艺处理线情况一致时，可以简单地对其中一条平行线进行建模研究。

10.2.4　数据收集与数据验证

在这个阶段中定义了进入不同流程单元的组成和容量，以及流程组件的容量（图 10-3）。这些准则相当重视收集所需的污水处理厂资料。一般来说，许多污水处理厂的数据都是现成的（每日平均浓度、流量等）。方案中建议首先从现有数据中获得的进水水量和水质。如果有必要，可以通过额外的取样或测量获得相关的缺失数据。为了能够建立有效的测量计划，建议基于原始设备数据进行初步模拟。经过第一组非校准模拟后，可以开发出更好的测量（监测）程序。利用物料平衡（流量、COD、干物质、氮和磷）检验现有数据。如果物料平衡不正确，有必要对污水处理厂进行额外的取样检测。如果原始数据中的物料平衡不正确（不闭合），根据定义，将会出现错误的校准结果。Meijer 等[1]从数据协调和技术使用等方面详细介绍了这个过程。磷（或铁，如果应用化学除磷）的物料平衡可以通过测量进水和出水总磷酸盐浓度、流量和（剩余）污泥中的磷酸盐来实现。在此基础上，如果没有合适的数据，可以测量或收集剩余污泥中磷的物料平衡。由于设定的 SRT 在模拟模型中是高度敏感的，因此即使除磷建模不是必要的，也需要仔细核对该物料平衡过程。可以结合已知流量和反应器与进水流中悬浮污泥浓度，以验证测量的流量和计算未知的流量。STOWA 方法提出了一个基于总磷平衡的制衡体系。在这里给出的指导方针中也解释了这种方法。该方法根据活性污泥的生产情况，准确地确定活性污泥停留时间。为了精确模拟活性污泥，污泥的产量应该在 5% 的精度范围内。

10.2.5 数据评估的一些例子

STOWA 方法建议在活性污泥系统上计算 TSS、COD 和 TN 物料平衡。通过测量进水、出水以及回流污泥等单元的悬浮污泥浓度，可以检查（测量的）流量和计算未知流量：

$$G_a = \frac{(Q_{rs} \times G_{rs}) + (Q_i \times G_i)}{Q_i + Q_{rs}} \tag{10.1}$$

式中：G_a —— 反应器中的悬浮污泥浓度，kg MLSS/m³；

Q_{rs} —— 回流污泥流量，m³/d；

G_{rs} —— 回流污泥中悬浮污泥浓度，kg MLSS/m³；

G_i —— 反应器进水中的悬浮物浓度，kg MLSS/m³；

Q_i —— 进水流量，m³/d，取决于污水处理厂构型。

对于氮，物料平衡更复杂，

$$N_i = N_e + N_s + N_d \tag{10.2}$$

式中：N_i —— 进水总氮负荷，kg/d；

N_e —— 出水总氮负荷，kg/d；

N_s —— 剩余污泥中总氮负荷，kg/d；

N_d —— 总反硝化氮负荷，kg/d。

对于硝化作用，以下方程是有效的：

$$N_{ki} = N_{ke} + N_s + N_n \tag{10.3}$$

式中：N_{ki} —— 进水总凯氏氮负荷，kg/d；

N_{ke} —— 出水总凯氏氮负荷，kg/d；

N_n —— 总氮负荷，kg/d。

在实践中，N_i 和 N_{ki} 通常是相同的。

化学需氧量平衡提供处理厂的摄氧量：

$$COD_i = COD_e + OUR + (N_d \times 2.86) + (Q_s \times G_{s,org} \times 1.42) - (4.56 \times N_n) \tag{10.4}$$

式中：COD_i —— 进水 COD 负荷，kgO_2/d；

$\quad\quad COD_e$ —— 出水 COD 负荷，kgO_2/d；

$\quad\quad OUR$ —— 耗氧率，kgO_2/d；

$\quad\quad 2.86$ —— 氧气还原当量，$1\ kg\ NO_3^--N = 2.86\ kgO_2$；

$\quad\quad G_{s,org}$ —— 剩余污泥中挥发性悬浮固体浓度，$kgVSS/m^3$；

$\quad\quad Q_s$ —— 剩余污泥日产量，m^3/d；

$\quad\quad 1.42$ —— 将 VSS 水量转换为 COD 当量的因子，$kgCOD/kgVSS$；

$\quad\quad 4.56$ —— 硝化过程中耗氧量计算的换算系数。

所得到的结果可用于检测污水处理厂的假定曝气效率 $[kgO_2/(kW\cdot h)]$，检测可能的误差，或用于曝气器的模型模拟设置。

图 10-4 中执行模拟研究所需的测量值列表仅作为一般指示。这个列表是用来简化现实中所需的一些步骤，对于直接的实际应用是没有用的。测量活动应根据污水处理厂的实际情况量身定做。因此，这里提出的指导方针提出了一种结构化的方法，在此基础上可以构建一个量身定制的水样采集和测量计划。

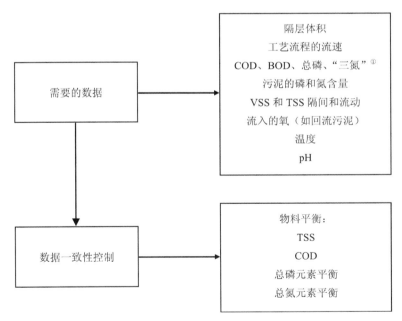

① "三氮"为氨氮、亚硝酸盐、硝酸盐。

图10-4　数据收集和数据验证

10.2.6 模型结构

WWTP 的水力学模型结构基于工艺流程的描述。模型结构的定义是建模研究的一个重要阶段。如果模型没有正确定义，那么校准的工作就是没有意义的。回流污泥泵引起的流量误差比模型参数的误差影响更大。[2]模型定义描述了不同的流程单元。在模型结构的定义中，考虑反应器的数量、曝气配置、沉降和控制等方面。在这一阶段，在水平和垂直方向评价曝气池的氧气梯度是很重要的。当然，需要对表面曝气的条件进行额外的检验，以建立一个适当的分隔。对于气泡曝气，建议对曝气操作进行检查。在污水处理厂控制所有的分流器准确操作同样重要。沉淀池的建模在很大程度上依赖于模型的使用，出水中悬浮固体的水量应与实测值相等（因此在模型中进行拟合）。通过比较回流污泥和出水中硝酸盐的含量，可以检测污泥线的反硝化作用。反硝化可以通过在回流污泥中应用虚拟（模拟）池来进行最好的校准。

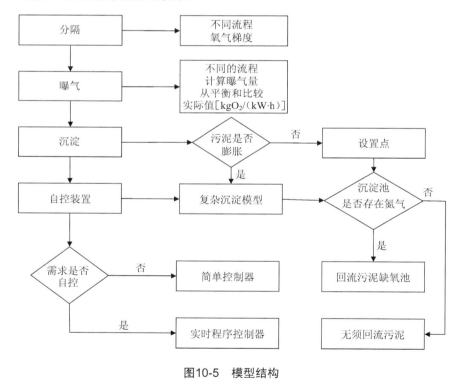

图10-5　模型结构

需要指出的是，一般来说，作为时间的函数，沉淀池中的反硝化作用比从沉淀池中污泥层的精确高度更重要，可以对这个值进行粗略估计。然而，沉淀池模型也应该考虑到生物过程。否则，当使用一个没有体积沉淀池模型，可以在污泥回流线中加一个额外的池子进行脱氮，同时它的体积不应大于沉淀池中的污泥体积，因为这将导致活性污泥系统中污泥浓度过高。沉降模型可考虑污泥层中多层二次沉降和转化。由于对沉降过程的准确理解存在一般不足，出水中的悬浮物一般由用户在模型中设置（固定），并且无法预测。根据经验模型（在这些指南中有详细描述），可以评估活性污泥模型之外的二次沉淀池设计。

　　一般来说，要求模型中所包含的控制效果与实际过程控制的操作相一致。例如，可以根据实际测量值来定义流量或 DO，而不是执行控制器。在理论上，对于稳态仿真，在模型中没有必要引入控制器。所有的平均条件都可以通过设置所需的流量和 DO 设置点来实现。然而，在校准模型的过程中，可以方便地将某些参数根据其测量值进行控制（如曝气池中 TSS）。这避免了在校准一个方面时另一个方面必须改变的情况，控制器可以帮助自动完成这项工作。因此，一般来说，在大多数情况下，简单控制器的引入可以满足建模任务（如维护 SRT）。当建立活性污泥模型时，曝气池是主要的重点。大多数情况下，分隔法用于区分活性污泥的不同过程（如厌氧、缺氧或厌氧）。在推流系统中，实际的生化池将被描述为一系列较小的生化池。此外，氧梯度的存在（如氧化沟或曝气控制池）可能需要模型中的不同隔间，对于完全混合的反应器，应该检查反应器在现实中是否完全混合。溶解氧（DO）剖面梯度用于评价是否需要一个以上的完全混合反应器（在反应器的长度或深度方向）。在浓度接近底物亲和常数（C_s-K_s）的情况下，速率与浓度有关。

　　当模拟曝气池时，也使用氧模型（通常在后台工作）。通过引入 DO 控制（ler），可以相对容易地对曝气进行建模。为了固定 COD 的物料平衡，最好使用基于 kgO$_2$/（kW·h）的精确空气输入量和鼓风机的功率（kW）。在没有很好地混合的情况下，氧亲和力被用来校准好氧（和缺氧）转换。进行准确校准的信息来自前面讨论过的物料平衡。

　　不同的曝气类型（如表面曝气、气泡曝气）有不同的氧模型。应用氧模型时需要有一个能量输入或鼓风机容量等信息。为了估计这个值在模型中的应用，建议计算 COD 和 N 的平衡，从而估算耗氧率。这个值可以重新计算曝气能力，以便与模型计算进行比较。这些指导方针使用相同的方法。然而，在大多数模拟研究中，例如，当研究污泥产量或活性污泥污水处理厂的出水水质时，准确的曝气能力不是关注的点。因此，大多数仿真软件都可以选择不采用氧气模型并直接设定溶氧浓度。风机曝气容量不再受限制，而且在不运行氧气模型的情况下该模型也更容易解决。从模型可解性的角度来看（这是数学的结果，而不是 CPU 的容量），只有当得到稳态解时，才建议模拟曝气容量。十年前，个人计算机的计算能力限制了模型的计算，引入的单元数（单元数越多，意味着微分方程数越多，意味着 CPU 数越多）决定了模拟的速度。然而，随着个人电脑计算能力的提高，这不再是一个问题。因此，建议为所有可能的条件（在合理的假设范围内）引入间隔。这就避免了在建模项目的后期需要重构模型的风险。

10.2.7 主流的特征

污水特征是这一方法的决定性因素（图 10-6）。它在很大程度上决定了模型的输入，从而决定了模型的结果。除了进水数据，出水数据同样也需要测量。数据收集是基于一个通用方案，并为每个被研究污水处理厂指定具体细节。最好由污水处理厂员工定期测量一个高质量的水质数据，其过程如图 10-7 所示。通过历史数据或具体的测量，可以描述重要的工艺流程（进水、出水和活性污泥）。无论如何，很有必要重新处理具体的进水、出水和活性污泥所需的测量值。通用方案其他部分将解释如何有效地做到这一点。进水特征的指导方针是主流特征的基础。[3]

如果该模型用于处理或开发控制策略，就需要特定的数据（2 h 或 4 h 组合水样）。在这种情况下，除进水和出水（如内回流和外回流）之外，还应该对其他流进行采样。图 10-6 给出了主要流程的描述。

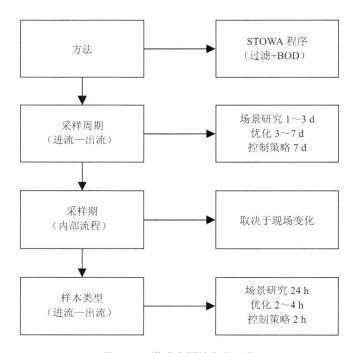

图10-6　描述主要流程的过程

图10-7　参与者在进水和污泥表征过程中

可以开展实验室规模批次试验对污泥特性进行研究，并作为采样程序的一部分。该试验优先使用来自污水处理厂的新鲜污泥。应当注意的是，污泥从污水处理厂中最符合批次试验目的位置取。如果可能，应在污水处理厂里进行批次试验；如果没有，污泥可以在低温避光的容器中运输和存放几天。应该检查储存和新鲜污泥是否有任何区别。批次试验应在与工艺中相同的温度和 pH 下进行。一旦进行了进水和污泥特征试验，就可以进行模拟和校准步骤。

10.2.8　校准

当所建立的模型定义正确，并输入了模型所需要的数据时，可以进行第一次校正，以检查模型是否能够与实测数据相匹配。如果初始试验模拟的结果表明需要对模型参数进行重大调整，经验表明很可能存在结构误差（大误差）。通常，这种错误要么出现在工艺方案的模型设置中，要么出现在模型需要拟合的数据中。在这种情况下需首先检查模型结构是否正确，这是通过检查工艺流程和 TP 物料平衡来完成的。

如果模型最初没有很好地预测出水水质，可以对几个工艺参数（流速、设定值等）进行敏感性测试。敏感性分析可以通过手动改变各种参数（例如，将参数值增加为原来值的 10%～15%）和重复模拟来完成。模型模拟结果的变化情况表明该参数对需要拟合到测量数据的特定过程是否敏感。对不同模型参数的灵敏度进行比较，可以看出哪些参数最适合校准所需的模型过程（如硝化或剩余污泥产量）。对预先选定的一组模型参数的潜在误差进行敏感性测试过程已经完成。通过这种方法，可以减少需要分析的部分分析量。在本方法中，建议按照图 10-8 的程序进行校准。

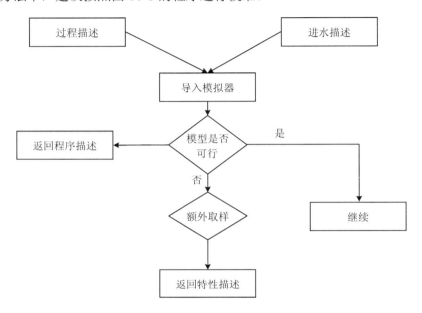

图10-8　校准期间的步骤顺序

此外，还指出了哪些模型参数可以进行调整，以正确校准模型：

- 活性污泥组成及污泥产量：进水 XS、XI、iNx、iNI
- 出水中氨氮浓度：KO_2、kNH_4^+、bA
- 出水中硝酸盐浓度：bH、KO_2、KNO_3^-

首先要使模型中污泥的 N 含量等于所测活性污泥特性。否则，硝化/反硝化过程会不断累积误差。由于生物量的 N 含量是近似已知的，因此建议调整无机物（XI）中的 N 含量。这也会影响进水成分（表征）。如果 SRT 被检验后是准确的（如前所述通过闭合总磷平衡），则可以校准活性污泥系统中的污泥含量。它更多地受污泥产量和衰减速率以及进水中的惰性颗粒组分影响。建议使用进水中的惰性组分含量作为唯一拟合污泥产量的校正参数，因为进水中这种惰性物质的比例通常是最不确定的。

硝化过程是根据出水中氨氮含量校准的。如果模型预测有误，且不是因为模型中错误的 DO 或过低的碱度造成的，可以用氧或 NH_4^+ 的亲和系数来调整出水中的氨氮。为了调节不同温度下出水氨氮浓度，建议调整衰减系数而非增长系数，因为与前者相关的不确定性更大。重要的是要注意校正模型的精度不要超过实际测量。

反硝化过程可以根据出水中的硝酸盐进行校准。首先要检查建立的模型是否正确。最适合校准的参数是抑制缺氧生长和水解作用过程的缺氧限制因子,或异养衰减因子。最好从建议的参数中选择最敏感的参数。如果在硝化/反硝化校准参数发生变化,污泥的产量也可能略有变化。因此需要使用迭代方法。通常一个迭代循环就足够了。为了进一步校准模型,可以校准不同工艺单元的内部浓度,其过程如图 10-9 所示。

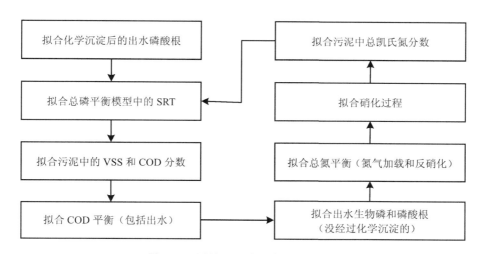

图10-9　活性污泥装置校准模型方案

注:该方法是 STOWA 方法的更新版本,适用于 ASM2d、ASM3 和 TUDP 类型模型(包括 Biowin)。

10.2.9　营养去除逐步校正方法

步骤 1: 拟合 TP 平衡

在模型中,活性污泥系统需要根据测量值平衡 TP。因此,进出线流量和水质负荷需要基于 TP 平衡进行再现。在校准的这个阶段,模型还不能预测出水的正磷酸盐(PO_4^{3-}),因此作为模型中的一种临时措施,通过引入化学沉淀法,可以人为控制出水中磷酸盐的含量。通过调整二次沉淀池中悬浮固体的损失,可以校准出水 TP。可以通过调节剩余污泥量,使系统中的 TP 满足物料平衡,从而拟合模型。通过这些举措,模型中 SRT 也是固定的(剩余污泥-WAS 是固定值)。通过拟合 TP 平衡和设置 SRT,完成了校准的第一步。

步骤 2: 拟合固体 COD_x 平衡

由于 COD_x 平衡是一个非守恒平衡,一个不正确的进水 COD 负荷通常会由活性污泥过程中的耗氧量来补偿。在前面的步骤中,SRT 是根据 TP 平衡来确定的,即由于进水中惰性 COD(X_I)在反应池中不断积累,因此,污水处理厂的总悬浮固体浓度(MLSS)是

由进水的 X_I/X 决定的。通过调整进水 X_I/X 比，模型可以拟合从活性污泥表征得到的 $TPx/CODx$ 比。因此，所有与 X 的产生相关的模型中的不确定因素，以及进水特征都以进水 X_I/X 比值的形式集中在一起。惰性颗粒物质是污泥生产的主要贡献者，因此模型中匹配分数 X_I/Xs 直接影响污泥产量。

步骤 3：拟合出水溶解性 $CODs$

通过调节进水 SI/SF 比例来拟合出水的 $CODs$。由于 SI 不转化，进水中 SI 的增加直接影响出水浓度。在此过程中，进水中的 SA 没有发生变化，因为这个模型是直接从进水的 VFA 中测量出来的。拟合 COD 的过程如图 10-10 所示。

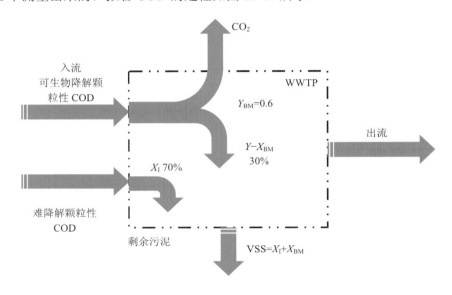

图10-10　进水COD负荷（Xs和X）与污泥产量（VSS或COD）的关系示意图

步骤 4：拟合 TKN 平衡

与 COD 一样，TKN 本身是不稳定物质。不正确的（进水的）TKN 负荷通常由通过硝化处理的活性污泥过程的耗氧和通过反硝化处理生产的 N_2 来补偿。活性污泥的 $TKNx/CODx$ 分数可以通过活性污泥的表征得到，其具体过程如图 10-11 所示。$TKNx$ 通过提高 N_{XI} 和 $iNxs$ 的分数来拟合，从而获得所测污泥分数（通常在 0.06 gN/gCOD 范围内）。

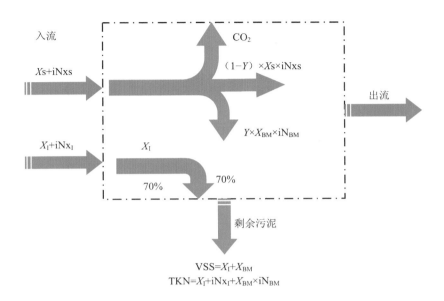

图10-11 进水有机颗粒TKNx负荷（iNxs和iNx₁）与污泥产量（VSS或COD）的关系示意图

通过增加进水组分 iNx₁，进水中污泥中颗粒氮的水质也增加，从而使活性污泥分数 TKN/VSS 增加。为了保持相同的 TKN 进水负荷，同时需要减少 iNxs。这意味着释放的氨略少，因此硝化的耗氧量更少。

步骤 5: 拟合净硝化负荷

为了模拟污水中的氨氮，通常需要调整曝气池中的 DO 定值点。因此原有的曝气池体积不会改变。或者也可以调整硝化生物的生长速率。通常硝化校准是直接进行的。

步骤 6: 拟合净反硝化负荷

通过增加 K_{02} 参数来拟合活性污泥过程中的净反硝化量。该模型参数限制了缺氧过程的氧存在（根据莫诺德方程）。通过增加这个值，如果曝气池缺氧过程中溶解氧没有变化，则可以继续反硝化，因此在活性污泥过程中同时进行硝化和反硝化。厌氧池中缺氧细菌接触不到氧气的一个实际原因是，由于氧气向污泥絮体内部扩散过程中梯度下降，污泥絮体中的氧气可以被耗尽。表面曝气的曝气池没有均匀的混合时，也会发生同样的效果。在这些条件下，污泥将沉降到池底，在那里可能发生缺氧甚至厌氧条件。在较小程度上，这也发生在氧化沟反应池中，通过在一个容器中人为的引入氧梯度，可以创造包含和缺少氧的区域，从而同时进行硝化和反硝化。

通过测量可知，该模型可用于预先评估哪些内部过程浓度是敏感的。此外，如果必要校准内部流，在一个迭代循环中必须再次检查出水校准。表 10-1 显示了 ASM 不同模型参数的建议取值范围和默认值。

表10-1　ASM不同模型参数的建议值范围和默认值

参数	描述	默认值	范围	单位
YH	异养菌生长	1	0.46～0.69	g/g
YA	自养菌生长	0	0.07～0.28	g/g
iNX	生物体内单位质量 COD 中 N 的质量	0		g/g
iNI	惰性物质内单位质量 COD 中 N 的质量	0	0.02～0.10	g/g
μH	异养菌最大比生长速率	6	3.0～13.2	L/d
KS	异养菌半饱和常数	20	10～180	g/m³
KOH	异养菌对氧的饱和/抑制浓度	0	0.01～0.20	g/m³
KNO		1		g/m³
bH		1	0.05～1.6	L/d
bA		0		L/d
ηg		1		—
ηH，ηNO₃⁻		0	0.6～1.0	—
kH		3	1.3～3.0	L/d
KX		0	0.01～0.03	g/g
μ		1	0.34～0.8	L/d
KNH₄⁺		1		g/m³
KOA		0		g/m³

在特定情况下，需要测量活性污泥的动力学速率（生长速率），以便准确校准活性污泥法。比如对于含有非典型成分的工业废水的情况，只有特定的细菌才能生长，这些细菌已经适应了特定的基质（或如抑制条件）。这些生物通常会以不同的生长速度生长，与ASM 中模拟的生物不同。可以进行实验室规模的批次试验，以确定不同的细菌生长情况如下：

- 呼吸运动计量法测试
- 硝化作用的测试
- 脱氮测试
- 厌氧释磷
- 有氧摄磷
- 缺氧的摄磷
- 内源性释磷
- PAO 反硝化活性

最后一点是，校准过程是一个迭代过程，当或多或少的得到所需结果时，应该终止校准。模型永远不会完全复制测量数据（现实）。预测所需的准确性将由建模的目的和输入数据的通常误差范围（如测量或分析误差）确定。不必以过高的精确度为目标，这将大大增加工作量和成本，但不会给项目带来任何附加价值。

10.2.10 模型验证

在成功校准之后，可以在实际的基于模型的"假设"场景调查前验证模型。因此，应该从不同的监测周期获得足够的数据。通常一组数据用于校准，另一组数据用于验证校准模型的结果。例如，可以使用来自不同温度周期的污水处理厂数据进行验证，或者使用来自完全不同条件的数据，其过程如图 10-12 所示。

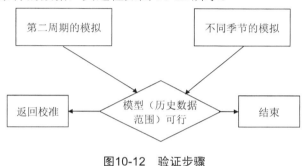

图10-12 验证步骤

进行此测试（验证）是为了评估模型的适用性是否可以扩展到常规经验之外的范围，例如潮湿的天气条件和/或季节性气候变化。动态验证只适用于已进行精细优化过的污水处理厂（如设计动态过程控制）。通常会发生初始校准模型与测试的动态运行条件不能令人满意的匹配情况。在这种情况下，需要进行第二次校准。通常，一个额外的迭代微调过程就足以使模型满意地描述所选条件。需要注意的是，模型不是为描述可能发生在污水处理厂的极端条件而设计的，这样的工况将不会在本项目中考虑。

10.2.11 情景模拟

根据物料平衡数据分析得出的结论和校准模型结果，可以根据校准模型结果对污水处理厂进行运行评估，并对性能提出准确的改进建议。就其本身而言，这是建模技术的特有优势，有可能以较高的精度描述污水处理厂的运行情况。然而，模型应用的最大优势在于将设计的模型应用于未发生的运行条件。通过使用该模型，可以预测未来和在无法测量的不同运行条件下的污水处理厂运行状况。此外，该方法比其他设计方法的精度都要高。情景分析研究总是特定于污水处理厂和研究目标，没有统一的标准。然而，迅速积累模型产生的数据量会限制其近一步运用。因此，一个场景研究最多不应超过 8 个场景。

10.3 结论

STOWA 方法是基于大量不同的污水处理厂和建模从业者的经验而制定的，它为活性污泥系统静态和动态建模提出了一种统一方法。该 STOWA 方法是提高活性污泥过程模拟研究质量和可控性的指导方针。在校准过程中，已经确定并分析了一些问题。针对这些"瓶颈"，制定了切实可行的解决方案并纳入方法。在方法中，建议在校准阶段使用以下顺序：

- 拟合总磷平衡，固定 SRT；
- 调整 TSS 平衡，固定污泥产量；
- 拟合活性污泥颗粒氮平衡及氮含量；
- 校准出水中的氨浓度（硝化）；
- 校准出水中的硝酸盐浓度（反硝化）。

这种方法已经在各种场合进行了测试，并成为良好建模实践中的标准。

参考文献

[1] Meijer S C F，Loosdrecht M C M V，Heijnen J J. Metabolic modelling of full-scale biological nitrogen and phosphorus removing WWTP's[J]. Water Research，2001，35（11）：2711-2723.

[2] Meijer S C F，Loosdrecht M C M V，Heijnen J J. Modelling the start-up of a full-scale biological phosphorous and nitrogen removing WWTP[J]. Water Research，2002，36（19）：4667-4682.

[3] P J Roeleveld，L. M. C. M. Van. Experience with guidelines for wastewater characterisation in The Netherlands[J]. Water Science & Technology，2002，45（16）：77-87.

第 11 章

建模规划

11.1 规划指南中的步骤

本节按通用方案的要求提出了一个模拟方案。在第 9 章中，描述了每个阶段的预估时间投入。根据实际经验，规划阶段进一步分为实际步骤和估计的时间投入。通常，使用专用的办公软件（如 MS Project）可以节省制订有效计划的时间，并在必要时还可以在项目进行过程中对其进行调整。本书的附录中有一个项目的详细示例计划。表 11-1 进一步指定了通用方案中的步骤。它还指出了方案和模型的截止时间。

表11-1 一般准则中计划任务概览和估计时间投入

序号	规划任务	所需时间/d
	总指南	46.0
1	项目启动	2.0
2	项目启动会	0.5
3	确定目标	0.5
4	时间和人力规划	1.0
5	项目启动会报告	
6	调研阶段	5.0
7	参观污水处理厂位置	1.0
8	制作 PFD 图	1.0
9	撰写初始信息报告	3.0
10	调研报告	
11	初始模型	2.0
12	建立模型	1.0
13	初始模拟	0.5
14	测试结果	0.5
15	项目评估	1.0

序号	规划任务	所需时间/d
16	评估会	0.3
17	确定项目起始点	0.3
18	更新项目定义	0.3
19	更新时间和人力	0.3
20	更新项目进展报告	
21	获取数据阶段	25.0
22	确定物质平衡	1.0
23	规划取样事宜	1.0
24	取样准备工作	1.0
25	取样	3.0
26	化验工作	5.0
27	空置	7.0
28	报告化验分析结果	2.0
29	检查化验数据	4.0
30	报告最终数据	1.0
31	收集和过程数据报告	
32	模型校正和模拟	4.0
33	模型完成	
34	模型验证和设计计算	4.0
35	传统设计计算	2.0
36	模型验证	1.0
37	报告	1.0
38	模型验证完成	
39	污水处理厂最终评估	3.0
40	确定安全系数	0.5
41	设计评价	0.5
42	提出建议	0.5
43	设计质量控制	0.5
44	污水处理厂评估最终报告	1.0
45	污水处理厂评估完整报告	
46	指南完成	

在项目开始时立即制订时间计划。在第一个项目评估期间，或初始模拟之后的第一次项目评估期间，可以更新计划。在此基础上，可以对初始目标进行统计，并对给定的时间和项目预算进行细化。由于模型设计项目依赖于实测数据，所以在等待测量结果时需要预留空闲时间。

11.2　时间和预算管理风险

基于模型的项目所涉及的主要风险是及时获得所有必需的（通常不是常规测量的或现成的）信息，并且该信息需要足够准确，以便用于污水处理厂评估和模型研究。应特别注意项目计划，特别是采样计划。因为测量和处理污水处理厂数据既费时又费钱，因此在一个良好的计划准备中投入时间是值得的，从而也降低了超出预算和项目执行的可用时间的风险。在现场执行采样的问题之一是与实验室工作人员和污水处理厂运行人员就应该收集和分析什么、在哪里以及如何收集和分析样品进行有效的沟通。为了促进这种沟通，该方法包括采样计划和设计以及关于测量类型、样品处理、反应器和沿程采样的位置、采样频率以及分析方法和样品制备的信息。对于预算管理，分析工作的成本计算也包括在内。

11.3　技术任务预计时间投入

图 11-1 所示的时间投入图给出了一个复杂 WWTP 建模的时间分配的一般情况（这里的例子是指阿姆斯特丹附近的 Haarlemwaarderpolder 污水处理厂）（Brdjanovic et al.，2000）。该图假设设计者（建模者）已深入了解污水和污泥处理过程，对 ASM 和 ADM 模型也有很好的理解且没有建模的实际经验，但有一个经验丰富的建模者支持的情况。假设上述情况，总时间投入为 4～6 个月，包括执行额外的采样计划和报告。

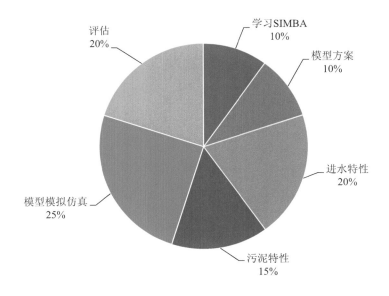

图11-1　估计了在基于模型研究项目中执行技术任务的相对时间投入

Brdjanovic 等[1]的研究表明，模型模拟和校准是污水处理厂建模过程中最困难、最耗时的步骤。另一个比较耗时的步骤是对模拟结果的评估。至于每个污水处理设计项目，无论是否使用建模，对设计信息的评估和得出结论都需要相关的专业知识。同时进一步指出，进水组分特征化过程也约占总投入时间的 20%。然而，与污泥特性一样，这也包括采样和分析测量工作的时间投入。计算过程（模型模拟）本身并不复杂，可以在一天之内完成。最后，重要的是要意识到，对于每一个新技术/方法，应该预留培训和介绍的时间。另外，如果不经常使用技术/方法，知识水平会随着时间的推移而下降，需要额外的时间来更新它，可能还需要额外的阅读或培训。

参考文献

[1] Brdjanovic D，Loosdrecht M C M V. Modeling COD，N and P removal in a full-scale WWTP Haarlem Waarderpolder[J]. Water Research，2000，34（3）：846-858.

第 12 章

基于生物建模的污水处理厂运行优化应用案例

我国的水环境保护越来越被重视，城镇污水处理厂出水水质标准逐步提高，尤其是对营养盐的高去除要求致使污水处理厂普遍面临达标难度大、药剂投加量大、运行费用高的难题。传统经验的（定性或者半定量）污水处理厂运营模式已经难以同时满足出水达标、成本最低以及运营盈利最大的目标。[1]活性污泥模型经过 40 多年的发展，已趋于成熟，且在国外被广泛用于实际污水处理厂的运营优化和设计。[2]尤其是随着污水处理厂的脱氮除磷要求提高之后，模型开始被用于工艺类型最优化设计、池体尺寸设计、运行参数优化设计（污泥龄等）以及负荷冲击应对策略制定。[3]然而，国内的生物模型技术实际应用案例较少，同时也缺乏本地化的模型协议和建模导则。国内外污水处理厂存在许多差异，如污水性质差别大，[4]国内污水处理厂普遍存在进水碳源不足的问题，导致营养盐的去除难度大。此外，我国污水处理厂自动化水平低、管理落后、运营经验缺乏且数据信息不足也是污水处理厂普遍存在的问题。在此现实下，生物建模应用于国内污水处理厂设计和运行优化的方法值得进一步研究和探索。

以山西某污水处理厂为案例，基于荷兰 STOWA 模型协议[5]，研究：①STOWA 水质模型协议用于国内污水处理厂生物建模的可靠性；②生物建模指导污水处理厂问题诊断和运行优化的可能性，得到污水处理厂优化运行方案；③优化方案应用验证和效果分析。

12.1 污水处理厂介绍

山西省某污水处理厂实际处理水量约 135 000 m^3/d，分两期建设和运营，一期采用改良型氧化沟工艺（曝气池部分区域投加填料），二期采用五段 Bardenpho 工艺。污水处理厂外排水需满足《城镇污水处理厂污染物排放标准》（GB 18918—2002）一级 A 标准。该污水处理厂工艺路线如图 12-1 所示，其中图中一期二次沉淀池出水命名为一期出水，二期二次沉淀池出水命名为二期出水，消毒后出水称为外排水。

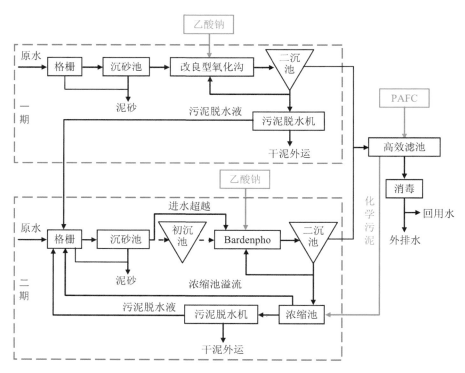

图12-1　污水处理厂工艺路线及补充采样点

根据污水处理厂运营记录，2018 年 6—12 月，除总氮（TN）外，其余指标均可稳定达到一级 A 排放标准。除磷药剂投加量为 1～14 t/d，平均为 6 t/d；碳源（商用液体乙酸钠）投加负荷 2 000～7 000 kgCOD/d，投加量平均为 31.7 m³/d，进水 COD 的增加量为 37 gCOD/m³。外排水 TN 平均值为（15.1±3.4）mg/L，存在超标现象。

污水处理厂特征如下：①一期在氧化沟的曝气段中部区域添加填料，改造成悬浮填料生物膜池；②二期的前缺氧池推流器故障率高，故障数量超 50%；③一期、二期工艺鼓风机设计选型过大，且均无曝气控制装置，曝气池出水溶解氧（DO）浓度值均超过 2.5 mg/L；④一期碳源投加在缺氧池，平均为 5.7 t/d；二期碳源投加在前缺氧池，平均为 26.2 t/d；⑤浓缩池体积较小，存在污泥溢流现象，悬浮颗粒物回流到二期格栅；⑥一期、二期部分生物池溶解氧（DO）和氧化还原电位（ORP）见表 12-1。

表12-1　部分生物池DO和ORP

工艺	DO/（mg/L）		ORP/mV	
	一期	二期	一期	二期
厌氧池	0.09±0.03	0.13±0.05	−35.1±21	63.7±20.9
缺氧池/前缺氧池	0.10±0.06	0.13±0.05	40.9±34.0	61.4±13
后缺氧池	—	0.12±0.05	—	94.2±24

12.2　样品采集和水质测试

收集污水处理厂历史数据（SCADA 数据、化验室数据以及运行日志）和设计文件（施工图纸、初设说明等）供建模使用。由于模型应用所需检测指标类型和样品数远超污水处理厂化验室常规指标，如挥发性脂肪酸（VFA）、溶解性生化需氧量（COD_{MF}）、含胶体态生化需氧量（COD_{GF}）、碱度、挥发性固体颗粒物（VSS）等并需关注生物池沿程浓度变化，所以对该污水处理厂进行水质补充测试。本研究在 2018 年 6—9 月进行取样。取样时需要避开雨天（若下雨，则两天后取样）且分散在 1 个污泥停留时间（SRT）周期，因此累计取样 12 d。该取样化验数据用于模型构建和校正。取样点共计 22 个（见图 12-1 的绿色圆点），进水（由于一期、二期的进水来源不同，因此需要分别进行采样）、二次沉淀池出水与外排水采集 24 h 等时混合样品，其他采集瞬时样品。进水水质结果见表 12-2。其中一期进水 VFA 为 8.3 mg/L，二期进水 VFA 浓度为 0 mg/L，表明二期的生物除磷过程可能较差。

表12-2　进水水质补充检测结果

指标	一期	二期
TCOD/（mg/L）	251.5	219.0
COD_{GF}/（mg/L）	130.3	123.3
COD_{MF}/（mg/L）	83	77.8
VFA/（mg/L）	8.3	0
TSS/（mg/L）	143.9	98.4
ISS/（mg/L）	70.3	40.3
TN/（mg/L）	43.9	45.4
NH_4^+-N/（mg/L）	32.5	21.0
NO_3^--N/（mg/L）	0.9	10.0
TP/（mg/L）	4.7	3.7
PO_4^{3-}-P/（mg/L）	2.4	1.7
BOD_5/（mg/L）	113.1	99.2
BOD_{5GF}/（mg/L）	80.8	71.6
水量/（m³/d）	64 560	71 719

12.3　数据清洗

采用三步法（统计学分析、逻辑关系评估、物质平衡分析）对水质数据进行数据清洗和可靠性分析。统计学分析是指对采样 12 d 的数据的同一指标进行偏差计算，大于 20% 的数据需要清洗去除。逻辑关系评估是根据数据之间的逻辑关系，例如总氮大于氨氮，总 COD 大于溶解性 COD 等进行数据清洗。物质平衡分析是指利用物料平衡关系进行数据可靠性核算，其中应用了 Macrobal 软件进行数据评估和流量数据校正（流量数据来自污水处理厂记录）[7]。其中校正过程发现污泥回流比和外排污泥量的历史记录数据存在较大问题（厂里外排污泥采用人工记录运输次数估算，因此不准确度高），一期和二期校正后的污泥回流比分别为 70% 和 65%，校正后的脱水污泥（85%含水率）量分别为 50.8 m^3/d 和 63.8 m^3/d。

12.4　污水处理厂模型构建

应用清洗后的进水水质数据进行进水水质组分划分，结果如表 12-3 所示。此外，在 Biowin 5.3 软件中构建全流程模型（图 12-2），设置各单元设计基础参数。

表12-3　部分进水水质组分参数

参数符号	参数意义	缺省值	一期	二期
F_{BS}	总 COD 中的快速降解部分比例	0.27	0.265	0.255
F_{AC}	快速降解 COD 中的挥发酸比例	0.15	0.125	0
F_{XSP}	慢速降解 COD 中的颗粒部分比例	0.5	0.540	0.510
F_{US}	总 COD 中的溶解惰性部分比例	0.08	0.065	0.10
F_{UP}	总 COD 中的不可降解颗粒部分比例	0.13	0.240	0.200
F_{NA}	凯氏氮中的氨氮部分比例	0.75	0.756	0.593
$F_{PO_4^{2-}}$	总磷中的溶解磷部分比例	0.75	0.511	0.459
VSS/TSS	进水悬浮物中的 VSS 比例	0.75～0.85	0.51	0.59

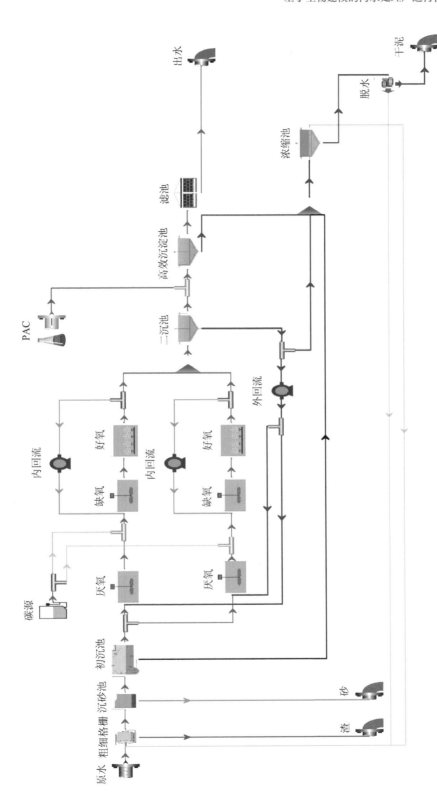

图12-2　使用Biowin5.3软件建立的污水处理厂生物模型

12.5 模型校正

应用 2018 年 6—8 月采集的 12 组数据，经过数据清洗后用于模型校正。对该污水处理厂存在的 2 条工艺线和总厂均进行校正，涉及指标有：二次沉淀池出水以及外排水的各项水质指标，曝气池污泥浓度等。模型校正过程中，参数调整包括污水处理厂运行参数、进水组分分质参数、动力学参数等，最终模型模拟值和实际测定值吻合良好，部分结果见表 12-4。其中，仅 NH_4^+-N 和 PO_4^{3-}-P 偏差大于 10%，这主要是由于 NH_4^+-N 的浓度数值太低导致的。矫正的动力学参数见表 12-5。

表12-4 模型校正的模拟值与实际值

指标	位置	实际值/（mg/L）	模拟值/（mg/L）	偏差/%
TSS_泥	一期好氧池	4 592	4 406.5	4.0
TSS_泥	二期好氧池	6021	6 089	1.1
TSS_泥	外排水	6.0	5.6	6.7
TCOD	一期出水	21.4	22.6	5.6
TCOD	二期出水	32.4	32.8	1.2
TCOD	外排水	23.0	23.3	1.3
TN	一期出水	14.5	14.9	2.8
TN	二期出水	15.6	15.6	0.0
TN	外排水	14.8	15.0	1.4
NH_4^+-N	一期出水	0.3	0.2	33.3
NH_4^+-N	二期出水	0.3	0.4	33.3
NH_4^+-N	外排水	0.3	0.3	0.0
TP	一期出水	1.2	1.3	8.3
TP	二期出水	1.3	1.3	0.0
TP	外排水	0.24	0.26	8.3
PO_4^{3-}-P	一期出水	0.8	1.2	50.0
PO_4^{3-}-P	二期出水	0.6	1.0	66.7
PO_4^{3-}-P	外排水	0.03	0.01	66.7

表12-5　生物模型校正的动力学参数汇总

调整参数	参数性质	默认值	调整值	备注
PAO 储存速率	动力学	4.5	6	一期
		4.5	8	二期
OHO 缺氧生长因子	动力学	0.5	0.6	一期
OHO 溶解氧半饱和系数	动力学	0.15	0.25	一期
好氧 P/PHA 吸收速率	计量学	0.93	1.2	一期、二期
缺氧 P/PHA 吸收速率	计量学	0.35	0.42	一期、二期

12.6　模型验证

校正后的模型用 2018 年 9 月共 8 天的运营数据进行验证，水质、水温、碳源投加量、PAFC 投加量、外回流等均输入动态数据，通过对比模拟结果数据与实测数据，其变化趋势及数值范围基本在同一水平，一致性较好，见图 12-3，进一步确定了模型的可靠性。针对校正和验证后的模型，同时应用为期 2 个月的进水水质数据和运行方案进行了动态模拟，结果见图 12-4。结果表明，外排水模拟值与实际值变化趋势一致，偏差值较小，拟合程度较好。

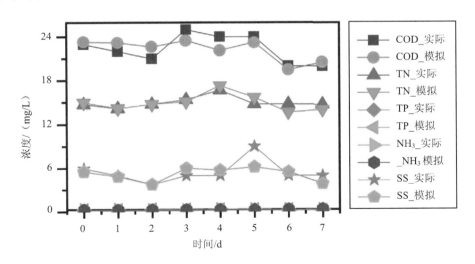

图12-3　模型验证结果

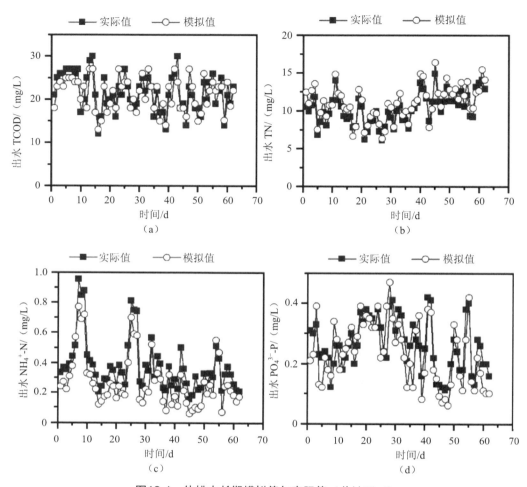

图12-4　外排水长期模拟值与实际值（共计62 d）

二期的外加商业碳源投加在前缺氧池，而推流搅拌装置故障率超过 50%，流态对于碳源有效利用可能有很大的负面影响。化验显示，二期前缺氧池和前好氧池 COD_{MF} 浓度分别为 28.0 mg/L 和 23.0 mg/L，推测缺氧池出水中存在未被利用的外加碳源进入好氧池，可能造成碳源浪费。前缺氧池内的混合不充分、流态差，导致硝酸根和外加碳源无法充分接触或者出现短流现象，都可能引起碳源利用率降低，不利于反硝化脱氮效果。针对推流器故障可能的负面影响需要进行评估量化。这种评估量化依靠传统的经验计算方法难以实现，通过模型模拟方法解决。

二期前缺氧池平均碳源投加量为 26.2 t/d，针对前缺氧池单体，校正并模拟氮浓度。通过提高前缺氧池 DO 的方法近似，量化分析流态影响，当 DO 设定为 0.065 mg/L 时，前缺氧池出水氨氮和硝态氮拟合。图 12-5 显示，理想流态下模拟投加 26.2 t/d 碳源，出水硝态氮浓度值为 3.5 mg/L，远低于实际浓度值 9.0 mg/L，出水氨氮浓度为 7.9 mg/L，高于实测结果 6.0 mg/L。前缺氧池的流态差会导致碳源有效率大大降低。理想流态下碳源投加 18.2 t/d 与实际投加 26.2 t/d 的出水氨氮、硝态氮拟合，判断前缺氧池的流态问题可能导致 30%的碳源浪费。

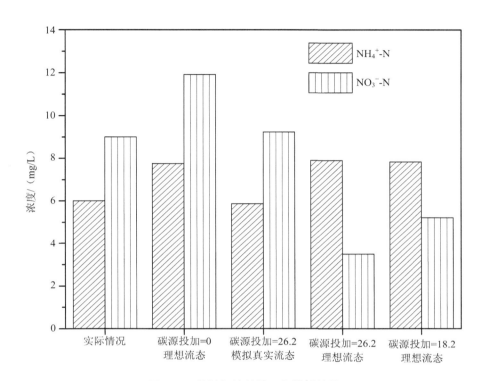

图12-5　前缺氧池的校正和模拟结果

通过工艺选型，提高脱氮效果，降低碳源投加量的方式有很多[8-11]，包括厌氧氨氧化工艺、反硝化除磷工艺、生物膜工艺、短程反硝化工艺等。本案例不改变工艺类型，而是保持原工艺设计基础不变，进行运行参数优化，包括曝气池 DO、混合液回流比、污泥回流比、碳源投加位点等，提高碳源利用率，实现运营成本降低。

12.7　一期运行优化

一期的碳源投加量设置为 0 t/d，除磷药剂按照实际投加量设定。针对曝气池 DO、混合液回流比、污泥回流比进行情景模拟，确定各运行参数对脱氮的影响规律，获得最优运行方案，情景模拟结果见图 12-6。

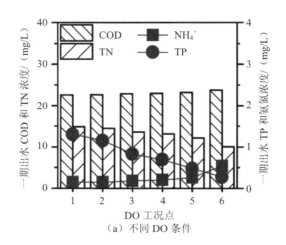

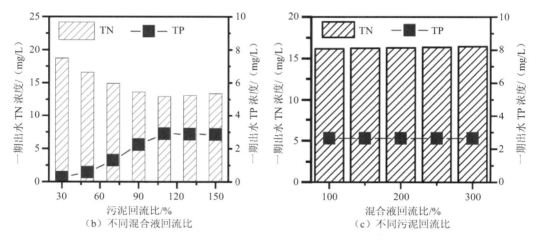

图12-6　一期氧化沟运行优化情景模拟结果

12.7.1　曝气过程调控优化

污水处理厂一期曝气过程没有进行过程控制，其次，由于曝气池中段投加了填料，为保持填料的悬浮状态，鼓风机大气量运行。实测一期曝气池前段、中段和末端的 DO 浓度值依次为 0.8 mg/L、4.2 mg/L 和 3.6 mg/L。前段 DO 最低是由于氨氮和 COD 的氧化降解主要发生在前部，氧气消耗量大。设置 6 种曝气工况进行模拟［图 12-6（a）］，DO 浓度按照一定的规律设定（工况 1：0.8，4.2，3.6；工况 2：0.6，4.0，3.4；工况 3：0.3，3.7，3.1；工况 4：0.3，2.0，2.0；工况 5：0.3，1.0，1.0；工况 6：0.1，0.8，0.8。单位为 mg/L）。可见，削减曝气量降低曝气池 DO 可以有效提高脱氮除磷效率，曝气池末端的低 DO 控制减少了缺氧池受氧反应导致的碳源浪费。第 3 种工况，出水 TN 可降至

14 mg/L 以下；第 5 种工况时，出水 TN 和 TP 较第 1 种工况分别降低 2.7 mg/L 和 0.8 mg/L；第 6 种工况时，出水 TN 和 TP 较第 1 种工况分别降低 4.83 mg/L 和 1.0 mg/L，氨氮增加 0.4 mg/L，气量削减到硝化明显影响值。建议采取第 4、5、6 种工况，在不外加碳源情况下实现出水 TN 达标。

12.7.2　混合液回流比和污泥回流比的优化

混合液回流将硝酸盐回流至缺氧区进行反硝化作用，实践和研究表明在一定范围内，混合液回流比增大，TN 去除效率增大。[12]在模型中，设定混合液回流比分别为 100%、150%、200%、250% 和 300% 进行情景模拟。模拟结果 [图 12-6（b）] 显示，在无碳源投加条件下，改变混合液回流比对一期脱氮效果影响不大，混合液回流比对一期脱氮效果为非敏感影响因素，这可能是由于实际曝气池末端 DO 值太高，其影响超过混合液回流比变化影响。由于实际混合液回流比为 200%，建议可适当降为 150%，利于削减能耗。

设定污泥回流比分别为 30%、50%、70%（实际污泥回流比）、90%、110% 和 130% 进行情景模拟。模拟结果 [图 12-6（c）] 显示改变污泥回流比对一期脱氮效果影响较大，污泥回流比增大，一期出水 TN 逐渐降低后保持不变。当污泥回流比为 110% 时，出水 TN 为 12.9 mg/L，但出水 TP 相比实际情景增加 0.05 mg/L。污泥回流比增大，进入厌氧池的硝酸盐增多，消耗进水中的易降解有机物，产生了反硝化反应，导致 TN 去除率升高的同时，生物除磷效果变差，王辰辰[12]在实际污水处理厂中也发现相同的现象。

12.8　二期运行优化

二期保持理想流态，除磷药剂按照实际投加量设定。针对前、后缺氧池碳源投加比例、曝气池 DO、混合液回流比、污泥回流比等进行情景模拟，获得最优运行方案，模拟结果如图 12-7 所示。

12.8.1　碳源投加位点的影响

Bardenpho 工艺的碳源投加位置是一个重要的影响因素。崔洪升等[13]通过修正 TN 去除率计算方程，分析得出，碳源投加在后缺氧池，动力消耗低且碳源利用率高。依照前述，二期理想流态下投加碳源 18.2 t/d 即实际情况，保持理想流态，按照不同比例将等量碳源分配到前缺氧池和后缺氧池，进行情景模拟。图 12-7（a）表明，当碳源全部投加在后缺氧池，较完全投加在前缺氧池，出水 TN 降低 0.73 mg/L，但 TP 浓度增加 0.5 mg/L。根据模拟结果，建议前、后缺氧池投加比例为 1∶1 或者 1∶2。

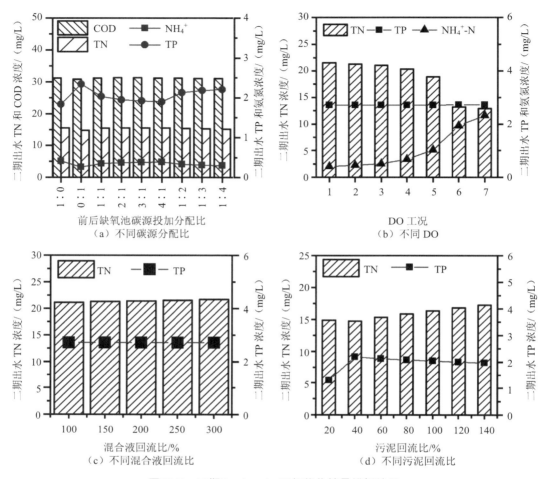

图12-7　二期Bardenpho运行优化情景模拟结果

12.8.2　曝气过程调控的优化

污水处理厂二期曝气过程没有进行过程控制，实测前好氧池前端、中端和末端与后好氧池的 DO 依次为 3.0 mg/L、3.6 mg/L、3.6 mg/L 和 2.0 mg/L。二期的碳源投加量设置为 0 t/d，除磷药剂按照实际投加量设定，设置 7 种曝气工况进行模拟，DO 浓度按照一定的规律设定（工况 1：3.0，3.6，3.6，2.0；工况 2：2.8，3.4，3.4，1.0；工况 3：2.5，3.1，3.1，0.6；工况 4：1.6，2.0，2.0，0.6；工况 5：0.8，1.0，1.0，0.5；工况 6：0.2，0.8，0.8，0.5；工况 7：0.2，0.8，0.8，0.2。单位为 mg/L）。由图 12-7（b）可见，第 4、5、6、7 种工况下脱氮效果明显提升，第 6、7 种工况时，出水 TN 低于 13.2 mg/L，在不外加碳源情况下实现出水 TN 达标。值得注意的是，第 6、7 种工况二期出水的氨氮为 1.94 mg/L 和 2.32 mg/L。建议采取第 6 种或第 7 种工况。

12.8.3　混合液回流比和污泥回流比的优化

在模型中，设定混合液回流比分别为 100%、150%、200%、250% 和 300% 进行情景模拟。结果显示，改变混合液回流比对脱氮效果影响不大，这与一期的模拟结果一致。由于实际混合液回流比为 200%，建议可适当降为 150%，利于削减能耗。

设定污泥回流比分别为 20%、40%、60%、80%、100%、120% 和 140% 进行情景模拟。结果显示，改变污泥回流比对二期脱氮效果影响较大。污泥回流比增大，二期出水 TN 逐渐升高，出水 TP 先升高后基本不变，这与污泥回流比对一期工艺 TN 去除的影响是相反的。这可能是因为二期进水中易降解有机物（VFA 等）较少，存在较多硝氮所致。总体上，二期污泥回流比变化对于 TN 和 TP 的去除影响不大。

12.8.4　应用效果

根据模拟结果和优化运行方案，受设备调整难易和优化可操作性影响，在案例厂分步实施，优化前后碳源投加量和外排水 TN 浓度见图 12-8。阶段一（1～150 d）为未优化前的情况，碳源投加量为（31.3±4.8）t/d，碳源投加负荷为（5 022.1±734.0）kg/d，而外排水 TN 为（15.1±3.4）mg/L，波动较大，存在超标。

阶段二（151～190 d），调整二期工艺的碳源投加位置，后好氧池的 DO 控制在 1 mg/L 附近。阶段一中，二期碳源全部投加至前缺氧池，在阶段二，碳源全部投加至后缺氧池或前后缺氧池分配投加。阶段二的碳源投加负荷为（5 120±272.8）kg/d，与阶段一基本相同，出水 TN 降低至（12.4±2.3）mg/L，碳源利用率升高。

阶段三（191～300 d），碳源类型变为复合型碳源，投加量为（23.0±5.0）t/d，较之前有所降低，但碳源投加负荷为（5 216±811.5）kg/d，与阶段一、阶段二近似，出水 TN 降低至（12.1±1.8）mg/L，可见仅改变碳源类型，对 TN 最终去除效果影响不大。

阶段四（301～457 d），一期和二期的曝气系统调控，以实现较低 DO。控制一期、二期风机开启台数、频率和好氧池不同区间气量分配（使后段气量少，前、中段气量大）。最终，一期好氧段前、中、后端 DO 在 0.15 mg/L、1.0 mg/L、1.0 mg/L 附近，二期前好氧池前、中、后端 DO 在 0.1 mg/L、0.15 mg/L、2.5 mg/L 附近，后好氧池 DO 在 0.8 mg/L 附近。虽然二期前好氧池末端和后好氧池的 DO 未达模拟工况最低值，但实际中鼓风机工况调整也已达到极限。阶段四碳源投加量为（5.0±7.1）t/d，碳源投加负荷为（1 361.8±1 906.3）kg/d，与阶段一相比，投加负荷降低 72.9%，且在 56.2% 的天数中，碳源投加负荷为 0 kg/d。同时，出水 TN 降低至（11.0±2.1）mg/L，脱氮效果大大提高。

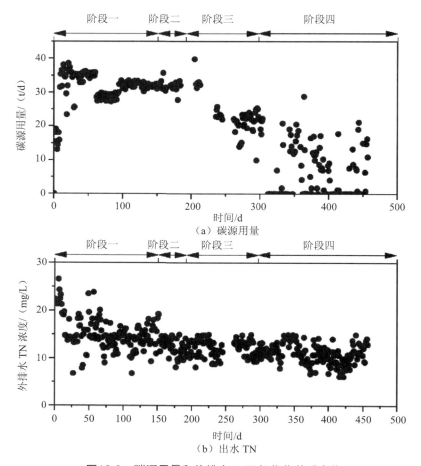

图12-8 碳源用量和外排水TN运行优化前后变化

12.8.5 碳源投加需求量计算

污水处理厂运行和文献中，计算碳源投加量的方法主要存在 2 种，一是"补缺"计算，即按进水 BOD/TN＞3.5 计算需要补充的碳源量[13]；二是"按需"计算，即根据实际运行中外排水 TN 值与安全控制阈值，计算需要继续去除的 TN 量，以 COD/TN＞7[14]计算去除该超标量所需要投加的碳源量。本案例中，按照"补缺"和"按需"计算分别需要投加碳源 56.3 t/d 和 21 t/d。然而，如上文所述，根据模型计算，可以在优化运行参数的条件下碳源投加量为 0，实际优化后的碳源投加量平均为 5.0 t/d。

"补缺""按需"方法均基于既有运行状态计算，忽视了污水处理厂的运行优化潜力，且无法考虑到各处理单元之间的系统相互作用。基于模型计算投加量的方法，可以剔除运营问题，得到最优化运营的条件下的碳源投加量，更加符合污水处理厂的碳源投加设计需求。

12.9　结论

采用生物建模方法对山西某污水处理厂进行运行优化，结论如下：

（1）荷兰 STOWA 建模协议和方法可适用于国内污水处理厂。

（2）构建案例厂全污水处理模型，根据不同运行参数的情景模拟结果，实施优化方案，实现碳源投加量降低 72.9%，运行成本降低 1 800 万元/a。

（3）基于模型计算碳源投加量，相较于传统方法，可以剔除运营问题，得到最优化运营条件下的碳源投加量，更加符合污水处理厂的碳源投加设计需求。

参考文献

[1]　魏忠庆，胡志荣，上官海东，等. 基于数学模拟的污水处理厂设计：方法与案例[J]. 中国给水排水，2019（10）：21-26.

[2]　郝二成，马文瑾，刘伟岩. 数学模拟技术在污水处理厂的应用方案[J]. 净水技术，2019（5）：97-102.

[3]　Henze M，Grady L Jr.，Gujer W，et al. Activated sludge model No. 1[M]. London: IAWPRC Publishing，1987.

[4]　Cao Y S，Tang J G，Henze M，et al. The Leakage of Sewer Systems and the Impact on the 'Black and Odorous Water Bodies' and WWTPs in China[J]. Water Science & Technology，2019，79（2）：334-341.

[5]　Huslsbeek J J W，Kruit J，Roeleveld P J，et al. A Practical Protocol for Dynamic Modelling of Activated Sludge Systems[J]. Water Science & Technology，2002，45（6）：127-136.

[6]　Roeleveld P J，van Loosdercht M C M. Experience with Guidelines for Wastewater Characterisation in The Netherlands[J]. Water Science & Technology，2002，45（6）：77-87.

[7]　Meijer S C F，Spoel H V D，Susanti S，et al. Error Diagnostics and Data Reconciliation for Activated Sludge Modelling Using Mass Balances[J]. Water Science & Technology，2002，45（6）：145-156.

[8]　Cao Y S，Kwok B H，van Loosdrecht M C M，et al. The Occurrence of Enhanced Biological Phosphorus Removal in a 200,000 m^3/day Partial Nitration and Anammox Activated Sludge Process at the Changi Water Reclamation Plant，Singapore[J]. Water Science & Technology，2016，75（3）：741-751.

[9]　郝晓地，汪慧贞，Mark van Loosdrecht. 可持续除磷脱氮 BCFS 工艺[J].给水排水，2002（9）：1，7-10.

[10]　栾志翔，吴迪，韩文杰，等. 北方某污水处理厂MBBR 工艺升级改造后的高效脱氮除磷效果[J]. 环境工程学报，2020，14（2）：333-341.

[11]　张艳，马宁，张智，等. 北方某中型污水处理厂短程硝化反硝化案例分析[J]. 中国给水排水，2016，

　　　　32（13）：109-111.

[12]　王辰辰. A^2/O 工艺处理城镇污水的脱氮除磷性能研究[D]. 邯郸：河北工程大学，2019.

[13]　崔洪升，刘世德. 强化脱氮 Bardenpho 工艺碳源投加位置及内回流比的确定[J]. 中国给水排水，
　　　　2015，31（12）：22-24.

[14]　荣宏伟，彭永臻，张朝升，等. 序批式生物膜反应器的同步硝化反硝化研究[J]. 工业水处理，2008，
　　　　28（11）：9-12.

第13章

污水处理厂化学除磷药剂投加量研究和应用实践

随着《水污染防治行动计划》的发布实施，全国多地区多流域均开始采用严于《城镇污水处理厂污染物排放标准》一级 A 标准的地方排放标准，例如北京、天津、太湖流域（浙江省、苏州市）、岷江沱江流域（四川省）、巢湖流域、雄安新区以及滇池流域等均执行严于一级 A 标准的地方排放标准或者地表水Ⅳ类或者准Ⅳ类标准。[1,2]因此，为满足越来越严格的出水水质标准，污水处理厂面临新一轮升级改造，其中，污水处理厂出水的 TP 指标要求小于 0.5 mg/L，甚至要求小于 0.2 mg/L。鉴于污水处理厂进水水质、水量的波动特别是雨季或者有工业水情况，单纯依靠污水处理厂生物处理单元中的生物除磷反应，难以实现出水 TP 稳定达标，所以化学除磷药剂的投加单元逐渐成为污水处理厂的标配构筑物。[3]降低化学除磷药剂的投加成本是污水处理厂运营关注的核心问题之一，其中，优化化学除磷反应且采取自动化的投加方式是有效手段。[4-8]铁盐与铝盐是应用最广泛的化学除磷药剂，例如硫酸铝、氯化铁、硫酸铁、硫酸亚铁、氯化铝、聚合氯化铝（PAC）、聚合硫酸铁（PFS）、聚合氯化铝铁（PAFC）等。化学除磷反应可分为沉淀反应与吸附反应两种类型。沉淀反应是指投加的金属离子与污水中的磷酸根反应生成磷酸铝或者磷酸铁沉淀。吸附反应是指铝盐和铁盐在水中发生水解反应，生成单核和多核羟基络合物，由于羟基络合物的比表面积较大，并且带正电荷，与水中的溶解性磷酸盐进行结合转换成非溶解性磷酸盐沉淀，最后通过絮凝沉淀反应达到磷去除的目的。[9,10]Yang等[11]的研究表明在化学除磷过程大约 65%的磷酸根是通过吸附过程去除。因此，化学除磷反应取决于吸附和沉淀反应的效率，会受到来水的 pH、碱度、药剂的成分、金属-磷摩尔投加比（Me/P）、HRT 等的影响。[9,12]但是，目前尚无针对化学除磷过程的系统优化且给出实际运行过程中投加量指导方法的整体研究。

近年来，我国污水处理厂的自控水平不断提升，多位学者的研究和工程实践表明，通过自动控制方式投加化学除磷药剂可以降低投加量和成本。因此，多种化学除磷投加的自控方案被提出和尝试性应用，包括反馈-（比例-积分-微分）PID 控制[5]、前馈预测-

反馈调整[6]、CEPRM 模型控制[8]等。大部分的方案或者利用历史数据学习规律或者直接设定内控值进行反馈控制，事实上这两种方式均无法最大地优化降低除磷药剂投加量。

本书针对厦门某污水处理厂进行化学药剂投加反应优化试验研究并设计投加量计算方案编程智慧决策系统，下发指令指导自控系统的投加泵操作。该污水处理厂实际处理水量平均为 22.5 万 t/d，生物处理工艺为厌氧-缺氧-好氧（A^2/O），且生物处理后建造三级处理单元进行深度处理。三级处理单元具体来说包含进水井、混合池、反应池和高效沉淀池 4 部分。除磷药剂投加到混合池中，絮凝剂聚丙烯酰胺（PAM）投加到反应池中。按照总处理进水量 22.5 万 t/d 计算，总的停留时间为 62.2 min，其中进水井、混合池、反应池和沉淀池的 HRT 分别为 2.7 min、2.3 min、21.2 min 和 36 min。本研究系统研究了化学除磷药剂投加反应的影响因素包括药剂成分、HRT、pH、碱度以及最佳投配比，并确定投加量和投加方案编程智慧决策系统，下发指令指导自控系统执行，进行实际效果验证。

13.1　试验方法和材料

影响因素研究小试试验装置：收集该污水处理厂二次沉淀池出水 24 h 混合样作为试验水样并测试磷酸根浓度，之后按照小试试验需求添加磷酸根的标准液（40 mg/L）或者纯净水混合，配成不同初始溶解性磷（PO_4^{3-}-P）浓度的模拟进水 250 mL，并随后将其倒入 500 mL 的烧杯。按小试试验设定的不同 Me/P 计算出药剂投加量。称量所需药剂投加至烧杯中。最终将烧杯放置于磁力搅拌器上进行搅拌实现充分混合反应，反应时间 20～30 min。

化学除磷药剂来源：影响因素研究小试试验采用的除磷药剂来自 7 个污水处理厂实际应用的药剂，分别为河南省南阳市马蹬污水处理厂［简称 MDp，0.29 g/g 固体的聚合氯化铝（PAC）］、河南省南阳市香花污水处理厂［简称 XHp，0.19 g/g 聚合硫酸铁（PFS）］、河南省南阳市海沧污水厂［简称 HCp，复合型（PAFC）］、河南省平顶山市平顶山污水厂［简称 PDSp，0.10 g/g 液体的聚合硫酸铁（PFS）］、山西省长治污水处理厂［简称 CZp，0.11 g/g 聚合硫酸铁（PFS）］、河南省郑州市污水 A 厂［简称 ZAp，复合型（PAFC）］、河南省郑州市污水 B 厂［简称 ZBp，复合型（PAFC）］，括号内为污水处理厂简称以及厂商出具的药剂产品的类型和浓度。

13.2 试验方案

13.2.1 药剂有效金属成分化验室测定

药剂成分是影响除磷药效的关键因素，因此采用原子发射光谱方法检测 7 种药剂中的铁或铝的实验室化验浓度，与厂商出具的产品浓度进行比较。在检测过程中，由于药剂浓度过高，需要先将药剂稀释到原子发射光谱可检测到的浓度范围即 500 mg/L 以下，每个药剂取 3 次测定平行样。7 种药剂的真实检测浓度与厂商出具产品浓度比较如表 13-1 所示。结果分析可知平顶山厂、海沧厂、香花厂、马镫厂除磷药剂的厂家标注浓度均小于实测浓度，因此该 4 种药剂的含药量均达标，差异可能是因为厂家的标注浓度为药剂出厂合格含量的最低值，由于批次不同造成实测浓度大于标注浓度。此外，液体药剂的实测和厂家标注浓度的偏差率分别为 36.1% 和 44.7%，固体药剂的偏差率分别为 14.4% 和 13.8%，这可能是由于液体药剂混合不均匀所致。

表13-1　7种药剂的厂商标准药剂有效金属浓度和化验检测结果比较

药剂来源	PDSp	HCp	XHp	MDp	CZp	ZAp	ZBp
药剂类型	PFS	PFS	PFS	PAC	PAFC	PAFC	PAFC
药剂形式	液体	液体	固体	固体	液体	液体	液体
厂家浓度/（mg/L 或 mg/g）	145 000	159 500	195	153.50	—	—	—
实测浓度/（mg/L 或 mg/g）	209 819	217 100	223	174.70	118 000	203 259	313 778
偏差率/%	44.7	36.1	14.4	13.8			

13.2.2 起始PO_4^{3-}-P浓度对化学除磷效果的影响试验

此试验采用平顶山污水处理厂的除磷药剂，分别在 6 个试验装置（见 13.1 节）中进行试验。6 组试验起始 PO_4^{3-}-P 浓度分别设定为 0.5 mg/L、1.0 mg/L、1.5 mg/L、2.0 mg/L、3.0 mg/L 和 4.0 mg/L，投加的 Me/P 均为 3.5。试验总时长为 20 min，每隔 5 min 取 1 次样品（样品量为 10 mL），检测样品中的 PO_4^{3-}-P 浓度。

13.2.3 pH对化学除磷效果的影响试验

此试验采用海沧污水处理厂的除磷药剂，分别在 5 个试验装置（见 13.1 节）中进行试验。5 组试验均设定起始 PO_4^{3-}-P 浓度为 1.0 mg/L，投加的 Me/P 均为 3.0。但是，5 组试验的起始 pH 分别设置为 6.25、6.50、7.00、7.25、7.50。试验总时长为 20 min，反应过程中用 pH 计分别测定第 2 min、5 min、10 min、15 min 和 20 min 装置内混合液的 pH，同时分别在每个时间点取样（样品量为 10 mL），检测样品中的 PO_4^{3-}-P 浓度。

13.2.4 碱度对化学除磷效果的影响试验

此试验采用海沧污水处理厂的除磷药剂，分别在 3 个试验装置（见 13.1 节）中进行。3 组试验均设定起始 PO_4^{3-}-P 浓度为 1.0 mg/L，投加的 Me/P 为 3.0，起始 pH 均为 7.0。将 3 组试验的起始碱度分别调节为 268 mg/L、134 mg/L 以及 0 mg/L。试验总时长为 20 min，在第 10 min、15 min、20 min 分别取样 10 mL 检测样品中的 PO_4^{3-}-P 浓度。此外，第 20 min 的样品还需检测剩余碱度。

13.2.5 最佳投配比试验

此试验采用 7 个污水处理厂的除磷药剂，分别在 6 个试验装置（见 13.1 节）中进行。6 组试验起始 PO_4^{3-}-P 浓度分别设定为 0.5 mg/L、1.0 mg/L、1.5 mg/L、2.0 mg/L、3.0 mg/L 和 4.0 mg/L。不同初始 PO_4^{3-}-P 浓度，投入不同药剂以及不同 Me/P（试验具体设定参数如表 13-2 所示），获得使出水 PO_4^{3-}-P 浓度≤0.2 mg/L［按《城镇污水处理厂污染物排放标准》（GB 18918—2002）一级 A 出水标准的运行内控值］的最小投配比即为某起始浓度某药剂的最佳投配比。具体来说，Me/P 设定从 2.5 mol/mol 开始，以 0.5 mol/mol 为一个步长进行小试试验，直到获得最佳投配比。以平顶山污水处理厂药剂为例进行试验说明，如表 13-2 所示。为从每次试验的总时长为 20 min，每隔 5 min 取样（样品量为 10 mL），检测 PO_4^{3-}-P 浓度。

表13-2　最佳投配比试验设定方案（以平顶山污水处理厂药剂为例）

起始 PO_4^{3-}-P 浓度/（mg/L）	0.5	1.0	1.5	2.0	3.0	4.0
试验药剂投配比/（mol/mol）	2.5/3.0/3.5/4.0/4.5/5.0/5.5/6.0/6.5/7.0	2.5/3.0/3.5/4.0/4.5/5.0/5.5/6.0	2.5/3.0/3.5/4.0/4.5/5.0	2.5/3.0/3.5/4.0/4.5	2.5/3.0/3.5/4.0	2.5/3.0/3.5/4.0

13.2.6 分析方法

PO_4^{3-}-P 的浓度测定方法为样品经 0.45 μm 滤膜过滤后采用钼酸铵分光光度法测定，测定方法详见《水与废水监测分析方法》（第四版）。pH 采用哈希便携式 pH 计测定，除磷药剂的铁和铝含量测定采用电感耦合等离子发射光谱仪（Thermo Fisher ICAP-7200）测定。

13.3 结果和讨论

13.3.1 起始浓度对化学除磷效果的影响试验

不同起始 PO_4^{3-}-P 浓度的小试试验结果如图 13-1 所示。由图可知，当起始 PO_4^{3-}-P 浓度为 0.5 mg/L 时，在第 10 min，PO_4^{3-}-P 的去除率达到 80%，且随着反应时间的延长去除率也没有明显增加。当初始 PO_4^{3-}-P 浓度为 1.0~4.0 mg/L 时，在第 5 min，PO_4^{3-}-P 去除率均达到 90% 以上，甚至当初始 PO_4^{3-}-P 浓度为 4.0 mg/L 时，PO_4^{3-}-P 的去除率达到 99%。由此可见，在相同投配比的条件下，除磷率和初始 PO_4^{3-}-P 浓度有关，PO_4^{3-}-P 越高去除率越高。此外，从该小试试验可知，反应时间建议 10 min 以上。

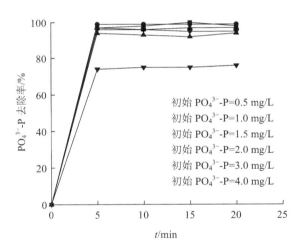

初始 PO_4^{3-}-P=0.5 mg/L
初始 PO_4^{3-}-P=1.0 mg/L
初始 PO_4^{3-}-P=1.5 mg/L
初始 PO_4^{3-}-P=2.0 mg/L
初始 PO_4^{3-}-P=3.0 mg/L
初始 PO_4^{3-}-P=4.0 mg/L

图13-1 不同起始PO_4^{3-}-P浓度添加除磷药剂后PO_4^{3-}-P的去除率随时间变化

13.3.2 pH对化学除磷效果的影响

pH 是决定化学除磷反应效率的主要影响因素之一。本试验中，初始 PO_4^{3-}-P 浓度均为 1.0 mg/L，不同起始 pH 条件下，反应器内 PO_4^{3-}-P 浓度随时间变化如图 13-2 所示。结果分析可知，当起始 pH=7 时除磷效果最佳，PO_4^{3-}-P 去除率为 83%，且第 20 min PO_4^{3-}-P 达到 0.2 mg/L 以下。当起始 pH=7.5 和 pH=7.25 时，为偏碱性环境，除磷效果最差，磷酸根去除率只有 65% 和 67%。当进水 pH=6.5 和 pH=6.25 时，为偏酸性条件，磷酸根去除率为 78% 和 77%。因此，同一起始 PO_4^{3-}-P 浓度，相同 Me/P 投配比条件下，pH 为中性条件下的除磷效率最佳，酸性条件次之，碱性条件最差。Szabó 等[9]研究发现极低或极高的

pH 都会对化学除磷不利。在酸性 pH 下，金属氢氧化物的沉淀有限，主要形成可溶性的磷酸盐复合物。即使是已经沉淀下来的磷酸盐（添加了高剂量的混凝剂）也会在低 pH 时重新溶解。碱性 pH 条件下，金属氢氧化物表面的负电荷更大，可溶性氢氧化铁配合物 $[Fe(OH)_4^-]$ 开始形成，除磷效率开始下降。

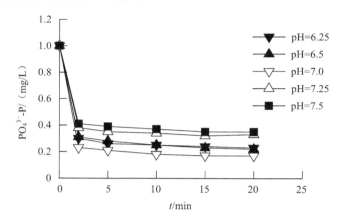

图13-2　不同起始pH条件下添加除磷药剂后PO_4^{3-}-P浓度随时间变化

13.3.3　碱度对化学除磷效果的影响

碱度影响试验中，起始 PO_4^{3-}-P 浓度均为 1.0 mg/L，Me/P 投配比均为 3.0，但是起始碱度分别为 268 mg/L、134 mg/L 以及 0 mg/L 时，试验结果如图 13-3 所示。

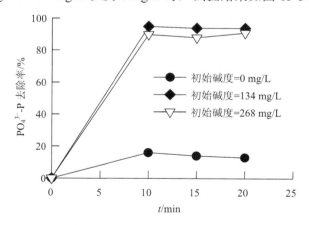

图13-3　同一起始磷酸根浓度添加除磷药剂后碱度随时间变化

试验结果表明，即使起始 pH 几乎完全一致时，碱度不同，除磷效率也不同。当进水碱度为 134 mg/L，除磷效果最佳，除磷效率为 94%，碱度消耗 5 mg/L。而当碱度为 268 mg/L 时，除磷效率为 91%，碱度消耗 4 mg/L。因而，虽然碱度增加 1 倍，但除磷效率变化不明显。在实际反应过程中,随着时间的变化,碱度降低不明显。然而,当进水碱度为 0 时,除磷效果变差,除磷效率只有 13%,出水磷酸根浓度大于 0.5 mg/L,未能达到出水排放标准。此外,当进水碱度为 0 时,除磷效率在第 10 min 达到最大后逐渐下降,然而碱度为 268 mg/L 时整个反应过程 pH 变化不大。这是因为反应过程中没有碱度作为缓冲体系,pH 急剧下降至酸性条件下(图 13-4),形成可溶性的磷酸盐复合物重新溶出,导致残余的磷酸根浓度上升,除磷效果变差。因此,化学除磷过程需要一定的碱度维持稳定的环境 pH。

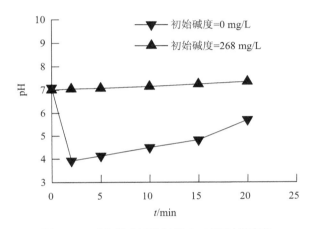

图13-4　碱度影响试验过程中pH随时间变化

13.3.4　金属-磷(Me/P)摩尔投加比对化学除磷效果的影响

金属-磷(Me/P)摩尔投加比是影响化学除磷效率的主要因素之一。一般来说,摩尔投加比越高,出水残余的 PO_4^{3-}-P 浓度越低。Szabó等[9]用氯化铁作为药剂进行研究,结果显示当初始 PO_4^{3-}-P 浓度为 3.5 mg/L,投加比为 2.5,出水残余的 PO_4^{3-}-P 浓度可以降为 0.1 mg/L。Zhang 等[13]研究发现,随着 Fe(II)/P 投加摩尔比从 0.25 上升到 4.5,PO_4^{3-}-P 去除率从 14.1%提高到 99.2%;在 Fe(II)/P 比为 2.25 时,PO_4^{3-}-P 去除率大于 91.0%;但在 Fe(II)/P 比在 2.25~4.5 时,PO_4^{3-}-P 去除效率增加并不明显。因此,显而易见,最佳投配比和起始 PO_4^{3-}-P 浓度和药剂有关,且当药剂投加量一旦超过最佳投加比时,除磷效果增加不明显,会导致药剂投加量冗余,不利于运行成本的优化。因此,对于除磷药剂投加量应同时考虑出水磷排放标准和处理成本来平衡确定。在本书中,采用 7 种不同药剂研究了 6 种起始 PO_4^{3-}-P 浓度的最佳投配比,试验结果如表 13-3 所示。

表13-3 不同初始PO₄³⁻-P浓度不同药剂的最佳投加比结果

初始 PO_4^{3-}-P 浓度/（mg/L）	平顶山	海沧	香花	长治	马蹬	郑州 A	郑州 B
0.5	5.0	5.5	7.0	7.0	>16.0	11.0	>16.0
1.0	4.5	4.0	5.0	6.0	14.0	6.0	>16.0
1.5	4.0	3.5	4.0	4.5	12.0	6.0	>16.0
2.0	3.5	3.5	3.5	4.5	12.0	6.0	16.0
3.0	3.5	3.0	3.0	3.0	10.0	5.0	12.0
4.0	3.0	3.0	3.0	3.0	10.0	5.0	12.0

由表 13-3 可知，对于同一种药剂，随着起始 PO_4^{3-}-P 浓度逐渐降低，最佳投配比逐渐增大，这与 13.2 节的结果相呼应。当起始 PO_4^{3-}-P 浓度为 0.5 mg/L 时，平顶山、海沧、香花和长治 4 个污水处理厂的药剂的最佳投配比分别为 5.0、5.5、7.0 和 7.0，相差不大；但是，郑州 A 厂药剂的最佳投配比高达 11.0；马蹬厂和郑州 B 厂的药剂在药剂投加比为 16.0 时残余 PO_4^{3-}-P 依旧未降到 0.2 mg/L 以下，故认为最佳投配比大于 16.0。当起始 PO_4^{3-}-P 浓度在 1.0～4.0 mg/L 时，均出现相似的结果：平顶山、海沧、香花和长治 4 个污水处理厂的药剂的最佳投配比相差不大，且郑州 A 厂药剂的最佳投配比会略高于前面 4 个污水处理厂，然而马蹬厂和郑州 B 厂的药剂最佳投配比均远远高于其他污水处理厂。由此可见，虽然马蹬厂药剂的有效含量符合产品要求（表 13-1）但是药剂的性能上不达标，会导致使用量的大大增加；同理郑州 B 厂也是如此。虽然平顶山、海沧、香花和长治 4 个污水处理厂的药剂来源不同，但是实际应用性能差别不大，对于同一种起始 PO_4^{3-}-P 浓度，最佳投配比相差不大。因此，可以用最佳投配比小试试验判断药剂的实际使用效能，以避免仅采用药剂有效物质含量判断所导致的判断偏差，从而导致药剂的浪费投加。根据表 13-3 分析可以用以下规则来判断除磷药剂的实际应用性能：当起始 PO_4^{3-}-P 浓度为 0.5 mg/L，合理的最佳投配比为 5.5～7.0；当起始 PO_4^{3-}-P 浓度为 1.0 mg/L，合理的最佳投配比为 4.0～6.0；当起始 PO_4^{3-}-P 浓度为 1.5 mg/L，合理的最佳投配比为 3.5～4.5；当起始 PO_4^{3-}-P 浓度为 2.0 mg/L，合理的最佳投配比为 3.5～4.5；当起始 PO_4^{3-}-P 浓度为 3.0 mg/L，合理的最佳投配比为 3.0～3.5；当起始 PO_4^{3-}-P 浓度为 4.0 mg/L，合理的最佳投配比为 3.0～3.5。当超出以上范围时，则该药剂的实际使用效能可能较差，需要着重分析。

13.3.5 实际应用效果

由于在实际污水处理厂运行过程中的环境条件是非理想环境，因此药剂的实际最佳投配比会大于小试试验的最佳投配比。在该污水处理厂的实际运行中，设计了如下化学除磷控制方案，基本原理如图 13-5 所示。该系统采用基于最佳投配比的前馈+反馈+报警的方式编程智慧决策系统，并下发指令指导除磷药剂自动投加。具体来说，该自动控制方案特点如下：

（1）基于最佳投配比的前馈控制：在加药池前设置污水流量计测定处理水量（Q），在线磷酸盐仪表测定二次沉淀池出水的磷酸盐浓度数据（P），计算出进水 P 负荷：$M_p=Q$P，再根据最佳投配比小试试验结果的最佳投配数值计算出要投加的药剂量 $Q_1=aKM_p/C$（a 为某 PO_4^{3-}-P 浓度的最佳投配比，K 为调整系数可以用历史数据拟合确定，M_p 为进水 P 负荷，C 为药剂的金属含量浓度）。

（2）反馈控制：利用出水在线总磷（TP）仪表测定出水口的 TP 浓度，当该 TP 浓度超过预先设定的浓度值时，自控系统会计算并执行需要投加的药剂量 $Q_2=Q_{max}$（Q_{max} 是加药泵能实现的最大流量）直到该 TP 浓度低于预先设定的浓度值，系统恢复执行 Q_1 药剂流量。

（3）报警设置：根据上述 13.2 小节小试试验结果设置 pH 值报警，超出合理阈值范围，系统提示报警并调整 K 参数的数值；若超过限制阈值范围，系统提示需要"人工干预"且执行需要投加的药剂量 $Q_2=Q_{max}$。根据上述 13.2 小节小试试验结果设置 HRT［进水流量/（混合池容积+反应池容积）］报警，尤其是当雨季来临时，若超过限制阈值范围，系统提示需要"人工干预"调整总进水流量减少雨水流入且执行需要投加的药剂量 $Q_2=Q_{max}$。设置出水 SS 报警，超出合理阈值范围，系统提示需要"人工干预"，避免由于 SS 过高导致的出水 TP 超过合理阈值而引起的药剂过量投加。

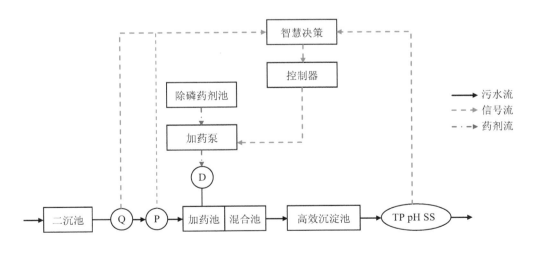

图13-5 化学除磷加药自控系统原理设计

  将上述策略编程实施,并实际应用在该厂的运行中,实施效果对比如图13-6和图13-7所示。根据该污水处理厂要求,出水 TP 需要控制在内控值 0.2 mg/L 以内,由图13-6可知,采用本系统自控策略后,可以 98%时间实现出水 TP 控制在内控值 0.2 mg/L 以下,而之前仅 75%时间出水 TP 控制在 0.2 mg/L 以下,可见出水稳定性有明显改进。这是因为采用本系统控制策略后,对进水的磷浓度的变化调控更加敏锐(图13-7),反应更迅速。此外,采用本系统的自动控制策略后平均除磷药剂投加量从 384.79 L/h 降为 349.82 L/h,降低 9.1%的药剂使用量,降低费用 419.6 元/d,约 15.3 万元/a。总体来说,采用本系统控制策略后,出水稳定性有了明显提高同时药剂使用量明显降低。

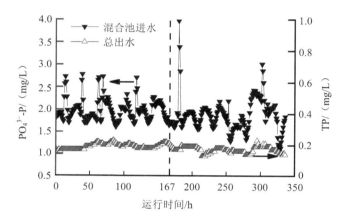

图13-6 效果验证过程中混合池进水磷酸根浓度和出水总磷浓度

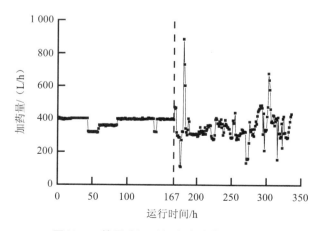

图13-7 效果验证过程中除磷药剂加药量

13.4   结论

本章系统研究了化学除磷过程的影响因素并在实际污水处理厂中进行自控设计和效果考察，结论如下：

（1）在相同投配比的条件下，除磷率和初始 PO_4^{3-}-P 浓度有关。中性条件下，除磷效果最佳，偏酸性和偏碱性环境均会导致除磷效率下降，因此需要设定 pH 报警并在低 pH 时调整加药系数。

（2）在药剂的有效含量达标的基础上需要进一步采用最佳投配比试验验证药剂的实际使用效果，避免药效不达标造成的浪费。在本章中马蹄厂和郑州 B 厂的药剂效果不达标。

（3）不同的药剂在药效达标的情况下，具有相似的最佳投配比特征。

（4）采用最佳投配比前馈+反馈+报警的方式设置智慧决策系统，指导除磷药剂自动投加，可以实现出水稳定性明显提升同时药剂使用量降低 9.1%，降低费用 419.6 元/d，约 15.3 万元/a。

参考文献

[1]   贺阳，袁绍春，蒋彬. 新地方标准背景下污水处理项目的设计变更与实践[J]. 中国给水排水，2021，37（8）：5.

[2]   马玉萍，胡香，刘怡心，等. 某污水处理厂类Ⅳ类标准提标前后的运行效能对比[J]. 中国给水排水，2019，35（3）：96-100.

[3]   楼强. 城镇污水处理厂一级 A 稳定达标的工艺流程分析与建议[J]. 水电水利，2018，2（2）：2.

[4]   I Takács，Murthy S，Fairlamb P M .Chemical phosphorus removal model based on equilibrium chemistry.[J].Water Science & Technology A Journal of the International Association on Water Pollution Research，2005，52（10-11）：549.

[5]   邱勇，李冰，刘垚，等. 污水处理厂化学除磷自动控制系统优化研究[J]. 给水排水，2016，52（7）：126-129.

[6]   郭玉梅，刘波，郭昉，等. 污水处理厂三级处理精确投药系统运行效果分析[J]. 环境工程，2018，36（9）：4.

[7]   马伟芳，郭浩，姜杰，等. 城市污水处理厂化学除磷精确控制技术研究与工程示范[J]. 中国给水排水，2014，30（5）：92-95.

[8]   李振华，蔡丽云，王鸿辉，等. 污水处理厂化学强化除磷投药量精准自动控制[J]. 工业水处理，2020，

40（10）：55-59.

[9] Szabó A，Takacs I，Murthy S，et al. Significance of Design and Operational Variables in Chemical Phosphorus Removal[J]. Water Environment Research，2008，80（5）：407-416.

[10] Li L，Stanforth R . Distinguishing Adsorption and Surface Precipitation of Phosphate on Goethite （α-FeOOH）[J]. Journal of Colloid and Interface Science，2000，230（1）：12-21.

[11] Yang K，Yang X J，Li Z H，et al. Municipal wastewater treatment by integrated bioreactor of contact oxidation and filtration separation[J]. Huan jing ke xue，2009，30（12）：3596-3601.

[12] Wang Y，Tng K H，Wu H，et al. Removal of phosphorus from wastewaters using ferrous salts –Apilot scale membrane bioreactor study[J]. Water Research，2014，57（Jun. 15）：140-150.

[13] Zhang M，Zheng K，Jin J，et al. Effects of Fe（II）/P ratio and pH on phosphorus removal by ferrous salt and approach to mechanisms[J]. Separation & Purification Technology，2013，118（Complete）：801-805.

第14章

超磁分离技术用于生活污水处理厂预处理的模型评估

近年来，超磁分离技术在污水处理上的应用逐渐增多。在实践中，应用超磁分离技术处理电镀污水、含酚污水、含油污水、铜铁污水都得到良好的效果。[1-4]超磁分离技术是利用磁场作用将污染物质去除的过程，分离过程具有反应迅速、去除率高的特点，[5]因此，对于非磁性的污染物通常还需要额外添加磁种。此外，超磁分离技术也被尝试用于处理其他污水如河道污水和生活污水。超磁分离技术作为一种预处理技术用于生活污水处理，可以在预处理阶段将颗粒态的基质和 TP 去除，从而降低后段生化处理工艺的COD 和 P 负荷。[6]此外，也会导致后续生化池进水 C/N 大大降低不利于生物脱氮。因此，超磁分离技术作为预处理手段应用于生活污水处理的技术有效性和经济有效性需要进行系统评估。

活性污泥模型经过 40 多年的发展，已趋于成熟，且在国外被广泛用于污水处理厂的运营优化以及设计优化。[7]尤其是对于污水处理厂脱氮除磷要求提高之后，模型开始被用于进行工艺类型最优化设计、池体尺寸设计、运行参数优化设计（污泥龄等）以及负荷冲击应对策略制定。[8]因此，应用生物模型技术是一种有效的手段。

本研究针对某污水处理厂升级改造过程中的工艺设计需求，利用生物建模技术进行两种工艺的技术（五段 Bardenpho 工艺、超磁分离-五段 Bardenpho 技术）的有效性和经济进行比较评估（图 14-1）。

14.1 污水处理厂情况介绍

北京某污水处理厂原出水执行 GB 18918—2002 一级 A 标准，现即将进行升级改造且执行《城镇污水处理厂水污染物排放标准》（DB 11/890—2012）A 标准（以下简称京标 A）。该污水处理厂设计处理水量 20 000 m³/d，污水处理厂主体生化处理工艺采用五段 Bardenpho 工艺，由于进水设计 COD 和 TP 浓度较高，是否可以应用超磁分离技术作为预处理技术，针对这样的疑问，进行了基于生物模型的评估。

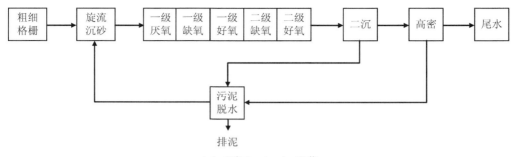

（a）五段 Bardenpho 工艺

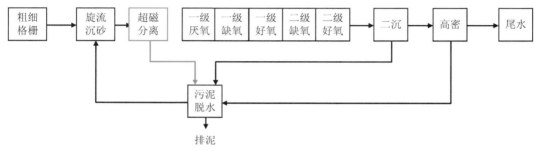

（b）超磁分离-五段 Bardenpho 工艺

图14-1　两条技术路线示意图

14.2　模型构建

14.2.1　超磁分离技术对水质的影响确定

超磁分离技术对污水处理过程通常会加入磁种、混凝剂、助凝剂等。在混凝剂（如 PAC）和助凝剂的作用下，小颗粒、胶体物质会脱稳形成絮体，此外，磷酸根也会与混凝剂结合形成絮体。磁粉的加入会使得普通絮体变为磁絮体，并进一步实现磁絮体结合，形成磁性大颗粒。在磁场引力作用下，磁场增强了磁性大颗粒的分离沉降作用。所以，超磁分离技术应该去除颗粒性物质，磷酸根的去除与混凝剂和助凝剂的添加有直接关系。

在该污水处理厂运行 1 台超磁设备（处理规模：1 000 m³/d；投加药剂浓度：PAC 20 mg/L；PAM：2 mg/L；磁粉：100 mg/L；活性炭：30～40 mg/L）。本研究通过实际测定超磁设备进水和出水确定其对水质变化的影响，实验累计取样 3 d 且避开雨天，超磁设备进水和出水均采用 24 h 混合取样方法进行取样，水质分析和划分方法参照荷兰 STOWA 准则[9,10]。进水和出水平均值如表 14-1 所示。超磁分离技术对 COD 和 TP 的去除率分别为 40% 和 61.7%，远高于 TN 和 NH₄⁺-N 的去除率。超磁处理后出水的 COD/TN 比值较进水降低，由 3.4 降低为 2.5，然而 COD/TP 的比值反而升高，由 28.0 升高为 43.9。因此，超磁处理不利于后续脱氮反应的进行，会进一步导致碳源不足。COD_{MF} 为样品经 0.45 μm 孔径滤膜过滤后滤液 COD 浓度，即溶解性 COD（包含难降解溶解性 COD 以及可降解溶解性 COD），在经超磁处理后降低了 25.2%。何秋杭[11]针对超磁分离技术进行生活污水预处理时也发现的现象，溶解性 COD 的去除率为 20%～50%。此外，蒋长志[6]的研究中也发现超磁对于溶解性 COD 的去除率达到 34%。在此模型中假设超磁技术对于难降解和可降解溶解性 COD 的去除没有差异性。

表14-1　超磁设备进水和出水的水质特征

项目	单位	原污水	超磁分离出水	去除率/%
总化学需氧量（TCOD）	mg/L	131.7	79	40.0
COD_{GF}	mg/L	69.5	46.5	33.1
COD_{MF}	mg/L	50.8	38	25.2
五日生化需氧量（BOD_5）	mg/L	72.5	35.2	51.4
挥发性脂肪酸（VFA）	mg/L	7.9	6.6	16.5
总氮（TN）	mg/L	38.6	31.1	19.4
氨氮（NH_4^+-N）	mg/L	29.8	29.4	1.3
碱度	mg/L	360.7	360.5	0.1
pH	—	7.7	7.2	6.5
溶解氧（DO）	mg/L	0.1	0.1	0.0
硝氮（NO_3^--N）	mg/L	1.6	1.8	6.3
亚硝氮（NO_2^--N）	mg/L	0.3	0	100.0
总磷（TP）	mg/L	4.7	1.8	61.7
磷酸根（PO_4^{3-}-P）	mg/L	1.9	0.8	57.9
总悬浮颗粒物（TSS）	mg/L	54.5	28.8	47.2
挥发性悬浮颗粒物（VSS）	mg/L	47	15.5	67.0
Ca^{2+}	mg/L	81	45	44.4
Mg^{2+}	mg/L	78	45	42.3

注：COD_{GF} 为采用 1.2 μm 滤膜过滤后的 COD，包含胶体态 COD 和溶解性 COD；COD_{MF} 为采用 0.45 μm 滤膜过滤后的 COD，不含胶体。

蒋长志[6]针对深圳市大沙河口市政污水进行超磁处理，其 COD 和 SS 的去除率分别为 40%～70%以及 60%～90%。王哲晓等[12]对多个污水处理厂应用超磁设备，结果表明当进水 COD 为 203～220 mg/L 时，其去除率为 48%～68%，且 SS 为 156～230 mg/L 时，其去除率为 90%～93%。周建忠等[13]对北京朝阳某污水处理厂应用超磁设备，其进水 COD、SS 和 TP 进水浓度分别为 652 mg/L、270 mg/L、6.75 mg/L，且去除率分别为 63%、

91%和92%。何秋杭[11]应用超磁设备发现COD的去除率为55%～75%。COD和SS的去除率可能和进水浓度有一定的关系，随着浓度升高去除率会有一定升高。根据实测数值以及文献数据，确定超磁设备的去除效果如表14-2所示。

表14-2　模型应用超磁设备去除效果

项目	设计进水/（mg/L）	超磁处理后进水/（mg/L）	去除率/%
TCOD	410	164	60
BOD_5	203	112～122	40～61
SS	241	36～74	70～85
TN	72	56.7	8
NH_4^+-N	58	57.42	1
TP	8	3.12	61
PO_4^{3-}-P	3.2	1.3	58
COD_{MF}	158.3	110.81	30
NO_3^--N	1.7	1.7	0

14.2.2　生物模型建立

本研究针对两条工艺路线进行建模，其一为五段Bardenpho工艺，其二为超磁分离-五段Bardenpho工艺。因此，在Biowin 5.3软件进行两条工艺路线模型构建（图14-1），由于两条工艺路线的主体生化工艺相似，因而，两条工艺路线的初始单池初步设计相同（表14-3），之后会在软件中对各个单池的体积和运行参数进行优化。其中初始设置为：构筑物总有效池容（不含二次沉淀池）为13 744 m^3，混合液回流比为400%，污泥回流比为100%，二次沉淀池污泥排放量为83 m^3/d，曝气盘个数为1 710个，单个工作气量（标态）为2.7 m^3/h，PAC投加量为0 kg/d，碳源投加量为0 t/d。

表14-3　各个池体的初始设计

构筑物名称	有效体积/m^3	运行参数
厌氧池	1 816	无曝气
前缺氧池	3 496	无曝气
前好氧池	6 224	700个曝气头，额定曝气
后缺氧池	1 472	101个曝气头，关闭曝气
后好氧池	736	54个曝气头，额定曝气

14.3 技术有效性比较

分别在两个模型中进行两条工艺路线优化，以期实现达标排放。优化内容包括各个主体生化池单池的体积、运行参数（DO 设定、混合液回流比、污泥回流比、污泥停留时间等）以及温度影响。

14.3.1 两项工艺初步比较

首先采用初始设置参数，进行两种工艺处理效果比较同时探究了温度对处理效果的影响（表 14-4）。模拟结果表明温度对于 COD、BOD_5、SS 去除效果几乎没有影响，对 TN、NH_4^+-N 略有影响依旧可以满足达标要求。工艺路线一的尾水 COD 为 26～27 mg/L，不能满足京标 A 的要求，然而在采用超磁设备后，尾水的 COD 明显降低为 14 mg/L，可以满足出水要求，且出水中 COD 主要为难降解溶解性 COD（表 14-4）。这可能是由于超磁设备对溶解性 COD 有一定的去除作用，因此大大降低了出水中难降解溶解性 COD 的量。此外，工艺路线一和工艺路线二的尾水 TN 均无法满足达标要求，然而采用超磁设备后出水 TN 高达 36.2 mg/L。因此，超磁设备对 TN 去除是不利的，可能会导致外加碳源投加量升高。值得注意的是，两条工艺路线模拟出水 TP 浓度很高，其中工艺路线一和工艺路线二出水 TP 分别为 3.9～5.2 mg/L 和 2.4～2.5 mg/L。分析模型发现，生物除磷反应在模型中几乎没有发生，这可能是因为初始设计参数（DO 设定、污泥排放量等）不合理所致。因此，需要对设计参数进行优化解决工艺路线一中 COD、TP 和 TN 无法达标问题，以及工艺路线二中 TP 和 TN 无法达标问题。

表14-4 不同水温条件下的初始模拟外排水尾水情况

项目	水温/℃	COD/(mg/L)	BOD_5/(mg/L)	SS/(mg/L)	TN/(mg/L)	NH_4^+-N/(mg/L)	TP/(mg/L)	溶解性难降解 COD/(mg/L)
京标 A	12	20	4	5	10	1.5	0.2	—
	25	20	4	5	10	1	0.2	—
工艺路线一	10	27	1	2	13.3	0.45	3.9	24
	12	27	1	2	12.8	0.22	4.2	24
	25	26	1	2	11.8	0.04	5.2	23
工艺路线二	10	14	1	1	36.2	0.07	2.4	13
	12	14	1	1	36.2	0.05	2.4	13
	25	14	1	1	34.7	0.02	2.5	13

14.3.2 五段Bardenpho工艺优化

由于采用初始设计，出水 COD、TN、TP 无法满足达标要求，因此需要对设置的参数进行优化。设定温度为 12℃，本研究优化参数包括曝气量设定、二次沉淀池污泥排放量（83 m³/d、166 m³/d、249 m³/d、332 m³/d）、PAC 投加量（0 kg/d、676 kg/d、876 kg/d、976 kg/d）、碳源投加量（0 t/d、4.2 t/d、4.5 t/d、9.0 t/d）、碳源投加位置（前缺氧池、后缺氧池、前后缺氧池均投加）、混合液回流比（200%、400%）、污泥回流比（50%、100%）等。其中部分情景模拟结果如表 14-5 所示。情景 1~3 逐渐增大曝气量，但是出水 COD 依旧无法达标且不利于脱氮除磷，可见 Bardenpho 工艺出水 COD 受到难降解溶解性 COD 的影响，单纯依靠生化降解无法达标，需要添加三级深度处理设备。情景 4~6 逐渐增大污泥排放量，出水 TP 由 4.2 mg/L 降低至 1.60 mg/L。虽然在情景 8 中降低曝气量利于进一步提高 TP 去除率，但是氨氮无法达标。因此，综合来说需要投加一定的 PAC 和碳源实现出水 TP 和 TN 达标。情景 9 中投加 PAC，并在 PAC 为 676 L/d 时即可实现 TP 出水达标。情景 10~19 进行了 TN 达标优化，优化内容包括碳源投加量、碳源投加位置、内回流比以及外回流比。[14]情景 10、情景 11 和情景 14 模拟结果表明投加在后缺氧池更利于提高脱氮效果。崔洪升等[15]通过修正 TN 去除率计算方程，分析得出，碳源投加在后缺氧池，动力消耗低且碳源利用率高。

最终结果表明当内回流比为 200%、外回流比为 50%、碳源投加量为 4.2 t/d、PAC 投加量为 876 L/d 时，可以实现出水 TN 为 9.2 mg/L 以及 TP 为 0.19 mg/L。然而，出水 COD 为 26 mg/L，无法达到出水要求。最终优化与初始模拟相比，微生物群落（普通异养菌+自养菌+除磷菌）占比中，普通异养菌71%不变，自养菌减少 2%，除磷菌增加 2%。

14.3.3 超磁分离-五段Bardenpho工艺优化

14.3.3.1 好氧池池容优化

如 14.2.1 小节所述，超磁设备对 COD 有很强的去除作用，因此，对于好氧池的设计是否可以削减设计池容大小。本研究针对好氧池池容在模型中进行优化设计，其中其他参数采用原始设计值，好氧池削减量为 0~80%，模型模拟结果如表 14-6 所示。由表 14-6 可知，池容削减到 60%依旧可以满足 COD 和 NH_4^+-N 的去除效果，但是继续削减至 70% 和 80%，出水 NH_4^+-N 无法达标。池容削减可以利于减少土建成本，从而降低投资成本，因此建议好氧池池容削减 50%。

表14-5　工艺路线一设计参数优化情景模拟结果

情景编号	内回流/%	外回流/%	前缺氧池碳源/(t/d)	后缺氧池碳源/(t/d)	PAC/(L/d)	排泥/(m³/d)	SRT/d	前好氧池曝气/(标态)/(m³/d)	后好氧池曝气/(标态)/(m³/d)	DO/(mg/L)	COD/(mg/L)	BOD₅/(mg/L)	SS/(mg/L)	TN/(mg/L)	NH₄⁺-N/(mg/L)	TP/(mg/L)	PO₄³⁻/(mg/L)
1	400	100	0.0	0.0	0	83	57.5	90 720	6 998	0.6	27	1	2	12.8	0.22	4.22	4.16
2	400	100	0.0	0.0	0	83	57.5	108 864	8 398	1.2	24	1	2	17.7	0.09	5.38	5.33
3	400	100	0.0	0.0	0	83	57.5	136 080	10 498	4.3	23	1	2	21.1	0.06	5.69	5.65
4	400	100	0.0	0.0	0	166	33.9	90 720	6 998	0.7	26	1	1	14.6	0.29	3.32	3.27
5	400	100	0.0	0.0	0	249	24.1	90 720	6 998	0.9	25	1	1	15.6	0.40	2.43	2.39
6	400	100	0.0	0.0	0	332	18.7	90 720	6 998	1.2	24	1	1	16.4	0.62	1.60	1.56
7	400	100	0.0	0.0	0	249	24.1	108 864	8 398	1.5	22	1	1	19.2	0.14	4.67	4.64
8	400	100	0.0	0.0	0	249	24.1	81 648	6 299	0.5	26	1	1	16.0	3.21	1.39	1.34
9	400	100	0.0	0.0	676	249	22.4	90 720	6 998	0.9	25	1	2	15.6	0.40	0.17	0.01
10	400	100	9.0	0.0	676	249	23.3	90 720	6 998	0.5	33	1	1	9.9	2.16	0.07	0.01
11	400	100	0.0	4.5	676	249	22.3	90 720	6 998	0.7	28	1	2	8.4	0.75	1.17	1.00
12	400	100	0.0	4.5	976	249	21.7	90 720	6 998	0.8	28	1	2	8.7	0.47	0.22	0.01
13	400	100	0.0	4.5	876	332	17.1	90 720	6 998	1.0	27	1	2	9.2	0.73	0.20	0.01
14	400	100	0.5	4.0	976	249	21.8	90 720	6 998	0.9	29	1	2	10.3	0.49	0.21	0.01
15	400	50	0.0	0.0	0	249	17.2	90 720	6 998	1.3	24	1	1	22.5	1.39	0.55	0.53
16	400	50	0.0	4.5	676	249	16.0	90 720	6 998	1.0	26	1	1	8.2	1.24	0.91	0.76
17	200	100	0.0	4.5	676	249	22.3	90 720	6 998	0.9	28	1	2	9.1	0.46	1.09	0.92
18	200	50	0.0	4.5	676	249	16.0	90 720	6 998	1.1	26	1	1	8.6	0.91	0.87	0.72
19	200	50	0.0	4.2	876	249	15.7	90 720	6 998	1.1	26	1	1	9.2	0.77	0.19	0.01

注：水温均为12℃；碳源=230 g/L；PAC=53 g/L；排泥指二次沉淀池排泥；MLSS 和 DO 指前好氧池末端。

表14-6 好氧池池容削减优化

情景编号	池容削减率/%	COD/(mg/L)	BOD₅/(mg/L)	SS/(mg/L)	TN/(mg/L)	NH₄⁺-N/(mg/L)	TP/(mg/L)
1	0	14	1	1	36.2	0.05	2.43
2	10	14	1	1	35.9	0.05	2.42
3	20	14	1	1	35.5	0.05	2.41
4	30	14	1	1	35.0	0.06	2.40
5	40	14	1	1	34.1	0.09	2.38
6	50	14	1	1	32.6	0.18	2.36
7	60	14	1	1	25.7	0.83	2.37
8	70	16	1	1	26.8	7.38	1.74
9	80	18	1	1	36.2	24.37	0.97

14.3.3.2 营养盐达标优化

由于采用初始设计，出水 TN 和 TP 无法满足达标要求，因此需要对设置的参数进行优化。在好氧池池容削减 50% 的基础上进行参数优化，设定温度为 12℃，本次优化参数包括曝气量设定、二次沉淀池污泥排放量（83 m³/d、166 m³/d）、PAC 投加量（0 kg/d、276 kg/d、376 kg/d、476 kg/d）、碳源投加量（0 t/d、5.8 t/d、6.3 t/d、6.5 t/d）、混合液回流比（100%、200%、400%）、污泥回流比（50%、100%）等。其中部分情景模拟结果如表 14-7 所示。

情景 1～2 研究了曝气量对生化降解过程的影响，出水 COD 均小于 15 mg/L，可以满足出水水质要求。因此，应用超磁预处理设备能够利于难降解溶解性 COD 的去除，有效降低出水 COD。情景 2～3 逐渐增大污泥排放量，出水 TP 由 2.38 mg/L 降低至 1.64 mg/L，然而导致 TN 和氨氮的去除效率降低。因此，综合来说需要投加一定的 PAC 和碳源实现出水 TP 和 TN 达标。情景 4 中投加 PAC，并在 PAC 为 876 L/d 时即可实现 TP 出水达标。情景 5～14 进行了 TN 和 TP 协同达标优化情景模拟，优化内容包括碳源投加量、PAC 投加量、内回流比以及外回流比。根据 14.2.2 小节的碳源投加位置优化结果，碳源投加在后缺氧池更利于提高脱氮效果，因此在本小节的优化过程中碳源投加在后缺氧池。最终优化与初始模拟相比，微生物群落（普通异养菌+自养菌+除磷菌）占比中，普通异养菌减少 3%，占比 77%，自养菌减少 11%，除磷菌增加 14%。

最终结果表明当内回流比为 200%、外回流比为 50%、碳源投加量为 5.8 t/d、PAC 投加量为 476 L/d 时，可以实现出水 TN 为 9.2 mg/L 以及 TP 为 0.11 mg/L。然而，出水 COD 为 17 mg/L。

表14-7　工艺路线二设计参数优化情景模拟结果

情景编号	内回流比/%	外回流比/%	后缺氧池碳源/(t/d)	PAC/(L/d)	排泥/(m³/d)	SRT/d	前好氧池曝气(标态)/(m³/d)	后好氧池曝气(标态)/(m³/d)	DO/(mg/L)	COD/(mg/L)	BOD₅/(mg/L)	SS/(mg/L)	TN/(mg/L)	NH₄⁺-N/(mg/L)	TP/(mg/L)	PO₄³⁻/(mg/L)
1	400	100	0.0	0	83	43.0	90 720	6 998	2.9	14	1	1	32.6	0.18	2.36	2.35
2	400	100	0.0	0	83	42.9	72 576	5 599	2.1	14	1	1	25.7	0.77	2.38	2.37
3	400	100	0.0	0	166	25.3	72 576	5 599	3.4	15	1	1	28.2	3.86	1.64	1.62
4	400	100	0.0	876	83	33.7	72 576	5 599	2.1	14	1	1	25.7	0.77	0.15	0.02
5	400	100	6.5	276	83	39.5	72 576	5 599	2.0	18	2	1	8.9	0.56	0.78	0.70
6	400	100	6.5	376	83	38.4	72 576	5 599	2.0	18	2	1	8.9	0.55	0.40	0.30
7	400	100	6.5	476	83	37.5	72 576	5 599	2.0	18	2	1	8.7	0.55	0.12	0.01
8	400	100	6.3	476	83	37.5	72 576	5 599	2.0	18	2	1	9.3	0.54	0.12	0.01
9	200	100	6.3	476	83	37.4	72 576	5 599	2.1	18	1	1	8.5	0.26	0.12	0.01
10	400	50	6.3	476	83	29.7	72 576	5 599	2.3	18	2	1	10.1	1.83	0.11	0.01
11	200	50	6.3	476	83	29.6	72 576	5 599	2.3	18	2	1	7.5	0.66	0.11	0.01
12	100	50	6.3	476	83	29.8	72 576	5 599	2.3	17	2	1	11.4	1.60	0.11	0.01
13	200	50	5.8	476	83	29.5	72 576	5 599	2.4	17	2	1	9.2	0.70	0.11	0.01
14	200	50	5.8	376	83	30.1	72 576	5 599	2.4	17	2	1	9.3	0.71	0.35	0.26

注：水温均为12℃；碳源=230 g/L；PAC=53 g/L；排泥指二次沉淀池排泥；MLSS 和 DO 指前好氧池末端。

14.3.4 技术有效性评估小结

两条工艺路线的技术有效性比较结果汇总见表14-8。其中，五段Bardenpho工艺路线存在出水COD不能达标的风险，所以宜在三级处理中增设活性炭吸附单元。根据前面的模拟优化，超磁分离-五段Bardenpho技术路线可以在实现COD和NH_4^+-N达标的前提下，削减好氧池池容50%。两条工艺路线的最佳内回流比和外回流比均为200%和50%。五段Bardenpho工艺的碳源投加量低于超磁分离-五段Bardenpho技术，然而PAC投加量却相反。

表14-8 两条工艺路线的技术有效性比较

项目	单位	初始值	五段 Bardenpho 工艺	超磁分离-五段 Bardenpho 工艺
好氧池池容	m^3	6 960	6 960	3 480
内回流比	%	400	200	200
外回流比	%	100	50	50
碳源	t/d	0	4.2	5.8
三级处理 PAC	L/d	0	876	476
排泥	m^3/d	83	249	83
总曝气量（标态）	m^3/d	97 718	97 718	78 175
MLSS	mg/L	—	3 629	3 484
曝气池 DO	mg/L	—	1.13	2.35
尾水超标指标	—	—	COD	无

14.4 经济性评估

14.4.1 经济评估模型构建

本书分别建立了投资测算和运营测算 2 个经济评估方法。其中，在投资方面两条工艺线的差别包括超磁单元、生化池单元土建费用和安装费用、用地投资和三级处理活性炭单元投资等。其余构筑物认定为相同。运营费用方面两条工艺线的差别包括超磁单元药剂投加量、商业碳源投加量、超磁单元污泥处理费用、三级处理活性炭单元药剂投加量、污泥处理、回流泵电费和超磁单元电费等。

经济性评估模型的计算定额为：超磁分离单元设备费 470 万元、单方池容造价（含建筑材料）为 941 元/m^2、地费为 375 元/m^2、三级处理活性炭单元为 200 万元、商业碳源 2 000 元/t、PAC 为 1 600 元/t、超磁投加的 PAM 为 28 000 元/t、超磁投加磁粉为 4 000 元/t、超磁投加活性炭为 4 600 元/t、污泥（以绝干计）处理费为 1 500 元/t。电费计算方法为：

电费 0.5 元/(kW·h),设计超磁单元功率 70.53 kW,设计曝气功率 180 kW(假设曝气流量和功率是线性关系),设计内回流功率 30 kW,设计外回流功率 44 kW(假设回流泵流量和功率是线性关系)。

14.4.2 投资成本计算

基于设计水质的情景模拟结果,进行两条工艺路线的投资成本计算(表 14-9)。可见,从投资成本来说,引入超磁预处理技术后,虽然增加超磁设备费用会增加,但是生化池土建费用和用地成本均有所降低且无须尾水活性炭吸附单元,因此粗略计算整体投资成本降低了 73.8 万元。

表14-9 两条工艺路线的投资成本计算结果 单位:万元

分项	工艺路线一	工艺路线二	相对差
超磁设备费	0	470.0	470.0
土建费	4 313.6	3 986.1	−327.5
用地费	547.5	531.2	−16.3
尾水活性炭设备费	200.0	0	−200.0
小计	5 061.1	4 987.3	−73.8

14.4.3 运营成本计算

基于设计水质的情景模拟结果,两条工艺路线的运营成本计算结果见表 14-10。从运营成本来说,引入超磁预处理技术后,虽然污泥处理和尾水活性炭吸附单元活性炭投加费用有所降低,但是其他项目均增加。其中电费的差别主要体现在曝气和超磁的用电量。引入超磁预处理技术后运营费用累计增加 0.864 万元/d,其中商业碳源投加和超磁预处理设备耗材是最重要的费用增加点。

表14-10 两条工艺路线的运营成本计算结果 单位:万元/d

分项	工艺路线一	工艺路线二	相对差
电费(曝气+超磁)	0.216	0.257	0.041
商业碳源	0.840	1.160	0.320
三级 PAC	0.140	0.076	−0.064
超磁 PAC	0	0.288	0.288
超磁磁粉	0	0.064	0.064
超磁 PAM	0	0.112	0.112
超磁活性炭	0	0.184	0.184

分项	工艺路线一	工艺路线二	相对差
污泥处理	0.476	0.182	−0.294
超磁污泥处理	0.000	0.489	0.489
尾水活性炭	0.276	0	−0.276
小计	1.948	2.812	0.864

14.5　结论

采用生物建模方法对应用超磁预处理技术的有效性和经济性进行分析，结论如下：

（1）应用超磁预处理技术对于出水 COD 达标具有明显优势，但是不利于生物脱氮。

（2）应用超磁预处理技术后，可以有效削减好氧池池容 50%。

（3）对两条工艺路线的投资成本进行计算，应用超磁预处理技术可以降低投资成本 73.78 万元。

（4）对两条工艺路线的运营成本进行计算，应用超磁预处理技术会增加运营成本 0.864 万元/d。

参考文献

[1] 王斌. 关于水处理磁分离技术应用与研究[J]. 环境科学与管理，2018，43（6）：4.

[2] 吴克宏，都的箭，唐志坚，等.磁分离技术在水处理中的物理作用分析[J]. 给水排水，2001，27（9）：4.

[3] 朱凯，王琳. 加载混凝-磁分离水处理技术应用研究[J]. 环境工程，2016，8：190-192.

[4] 刘艳辉，陈明阔，刘媛，等. 超磁分离技术在矿井水处理中的应用[J]. 给水排水，2015，4：55-57.

[5] 郑利兵，佟娟，魏源送，等. 磁分离技术在水处理中的研究与应用进展[J]. 环境科学学报，2016，36（9）：15.

[6] 蒋长志. 磁混凝优化试验研究及工艺应用分析[D]. 武汉：华中科技大学，2019.

[7] 郝二成，马文瑾，刘伟岩. 数学模拟技术在污水处理厂的应用方案[J]. 净水技术，2019（5）：97-102.

[8] Henze M，Gujer W，Mino T，et al.Activated Sludge Models ASM1[J]. International Journal of Engineering Sciences & Research Technology，2000，3（11）：1-5.

[9] P J，Roeleveld，M C M，et al.Experience with guidelines for wastewater characterisation in The Netherlands[J]. Water Science and Technology，2002，45（6）：77-87.

[10] Hulsbeek J J W .A practical protocol for dynamic modelling of activated sludge systems[J]. Water Science & Technology A Journal of the International Association on Water Pollution Research，2002，45（6）：

127-36.

[11] 何秋杭. 强化磁分离污水碳源浓缩资源化技术研究[D]. 北京：清华大学，2018.

[12] 王哲晓，吕志国，张勤. 超磁分离水体净化技术在水环境领域的典型应用[J]. 中国给水排水，2016，32（12）：34-37.

[13] 周建忠，靳云辉，罗本福，等. 超磁分离水体净化技术在北小河污水处理厂的应用[J]. 中国给水排水，2012，28（6）：78-81.

[14] 王辰辰. A^2/O 工艺处理城镇污水的脱氮除磷性能研究[D]. 邯郸：河北工程大学，2019.

[15] 崔洪升，刘世德. 强化脱氮 Bardenpho 工艺碳源投加位置及内回流比的确定[J]. 中国给水排水，2015，31（12）：22-24.

第 15 章

基于模型的污水处理控制策略评估和优化

我国污水处理厂出水水质标准和达标要求逐步提高，城镇污水处理厂面临达标困难、药耗庞大、运行费用高昂的普遍问题。[1]污水处理厂依靠传统经验定性式和人工粗放式的运行面对同步实现出水稳定达标、降本增效和增强盈利能力的需求捉襟见肘。[2]出水水质受进水波动和工艺运行的影响，然而，居民的污水排放、管网收集的不稳定性，使得进水水量、水质呈现复杂的动态变化，[3]因此要求工艺运行需要做动态响应。依托于信息技术发展、精细传感器和控制设备的使用，现代污水处理厂的自动化运行被认为是解决问题的有效途径。[4,5]然而，自动控制策略的设计将直接影响实施效果。活性污泥模型经历近 50 年的发展，应用趋于成熟。在国外，基于模型的数学模拟技术已被广泛应用，在设计方案比选、运行问题诊断和过程优化控制方面发挥价值，[6]并被用于进行工艺最优化设计和负荷冲击应对策略的制定等。[7,8]以厦门某污水处理厂新建工程作为案例，基于荷兰 STOWA 模型协议[9]和国际水协会（IWA）的污水处理厂控制策略基准评价方法，[10]研究评估了不同自动控制策略和控制设定值的效果和经济性。

15.1 污水处理厂建模

15.1.1 污水处理厂介绍

厦门某污水处理厂，规模为 $2.25 \times 10^5 \ m^3/d$，原污水经过粗格栅、细格栅、曝气沉砂池，进入二级生化处理阶段，二次沉淀池出水进入高效沉淀池、滤池、消毒后排入大海。二级生化处理阶段使用 A^2/O 工艺，包括 3 条污水处理线，每条污水处理线设计以及在线仪表配置均完全相同。该污水处理厂设计进水水质为：化学需氧量（COD）$\leqslant 350 \ mg/L$、五日生化需氧量（BOD_5）$\leqslant 180 \ mg/L$、悬浮物（SS）$\leqslant 200 \ mg/L$、总氮（TN）$\leqslant 45 \ mg/L$、氨氮（NH_4^+-N）$\leqslant 35 \ mg/L$、总磷（TP）$\leqslant 4.5 \ mg/L$。外排出水水质需满足《城镇污水处理厂污染物排放标准》（GB 18918—2002）中的一级 A 标准。

15.1.2 补充测试和特性分析

收集该工程设计文件（施工图纸、初设说明等），以及进水、出水的历史数据，供模型构建使用。水质特征对污水处理系统性能表现和模拟结果有重大影响，如进水中 COD 中易生物降解 COD 的占比对生物除磷有明显影响。因此，需要详细研究进水水质特征信息，对进水水质组分进行划分。由于进行进水组分划分所需的检测指标远超污水处理厂化验室常规指标，如挥发性脂肪酸（VFAs）、含胶体态化学需氧量（COD_{GF}）、碱度等，所以对该污水处理厂进行水质补充测试，[11]取样点共 13 个，包括进水、出水和生化池沿程采样点（厌氧池、缺氧池、好氧池）。进水（沉砂池出水）、二次沉淀池出水样品为 24 h 混合样品，其他为瞬时样品。参考以往研究的方法，[12]累计取样 6 d，分散在 1 个污泥停留时间（SRT）。

识别进水水量、水质的小时变化特点。考虑进水指标拥有不同的单位和变化范围，需要把水量、水质的小时数据进行归一化，常见的数据归一化方法有最小-最大值归一和 Z 分数归一，选择使用最小-最大值归一，[13]提取的特征曲线如图 15-1 所示。进水流量在 0—7 时逐渐降低，7—12 时逐步提升，12—23 时在高点附近略有波动。进水 COD、TN、TP 浓度变化趋势相似，在 4—6 时存在高峰，随后逐渐减小，12 时左右降至最低，其他时间在中位数值附近波动。

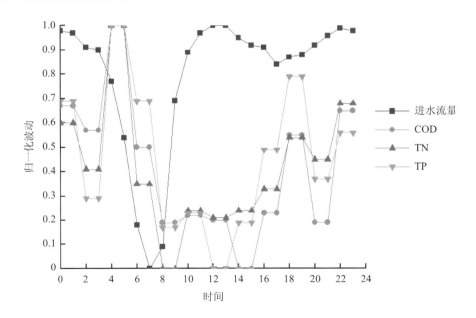

图15-1 进水波动归一化特征曲线

15.1.3   建模和测试场景设计

使用污水处理模拟软件 Biowin5.3 版本,简化实际流程,构建单条污水处理线的模型。该污水处理厂进水水温全年超过92%的时间大于 20℃,所以设置模拟水温为 20℃。据实在缺氧池前端设置碳源投加点,碳源投加流量上限 600 L/h,碳源浓度为 230 gCOD/L。建立污水处理厂历史数据库,采用统计学分析、逻辑关系评估等方法[13,14],进行数据清洗[15],使用补充测试数据、清洗后的历史数据提取的平均值和标准差,以及国际模型实践小组的流程方法完成模型参数率定。

污水处理过程控制要求构造动态变化的进水输入并模拟响应结果,其他研究中常使用 IWA 的标准动态进水文件。针对工程案例,统计构建案例厂特征的进水动态变化输入,用来测试控制策略和模拟输出。污水处理厂每日会测定进水 24 h 混合样品,基于该进水历史数据库,计算进水 C/N 可知其变化范围为 3.0~10.0,以 0.5 的变化梯度进行分级,共划分为 14 种情况,如表 15-1 所示。统计两年内 14 种情况的出现频率和相应平均水质,按照等效频率和随机排布算法,生成一个 28 d 的进水测试输入文件,每天内的变化特征与图 15-1 一致,如图 15-2 所示。参考 BSM 模型[10,16,17]的方法,在测试时将模拟时长设置为 140 d(28 d 的动态进水,循环迭代 5 次),输出 113~140 d(最后 28 d)的模拟结果。

表15-1   进水历史数据C/N划分结果

序号	C/N	相对频率/%	平均水质/(mg/L)			
			COD	TN	TP	NH$_4^+$-N
1	3~3.5	3	127.3	39.5	3.8	34.7
2	3.5~4.0	5	135.7	36.3	3.7	31.8
3	4.0~4.5	7	164.3	39.1	4.2	34.3
4	4.5~5.0	9	167.0	36.1	3.9	31.6
5	5.0~5.5	13	189.9	36.8	4.2	32.2
6	5.5~6.0	10	200.0	35.6	4.0	31.1
7	6.0~6.5	9	230.3	37.5	4.2	32.9
8	6.5~7.0	11	249.4	38.1	4.5	33.4
9	7.0~7.5	8	269.7	38.1	4.5	33.4
10	7.5~8.0	8	275.0	36.4	4.6	31.9
11	8.0~8.5	5	289.0	35.7	4.6	31.2
12	8.5~9.0	6	313.4	36.7	4.5	32.1
13	9.0~9.5	2	351.5	38.4	5.2	33.7
14	9.5~10.0	4	331.8	34.9	5.3	30.5

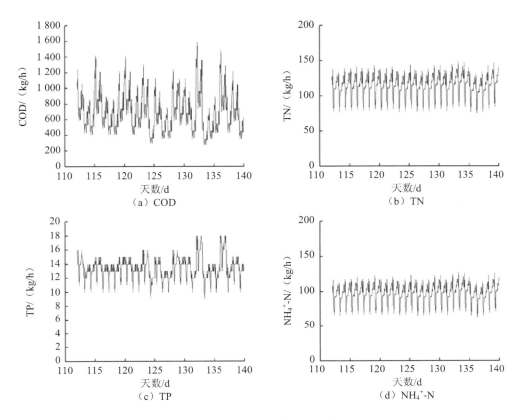

图15-2　进水污染物负荷动态变化输入

15.2　控制策略设计与评价方法

15.2.1　经济评价方法

为对比不同自控策略的效果，建立一套经济性评价方法[18,19]。经济性评价方法包括投资成本和运行成本两个方面。其中，投资成本方面主要考虑在线仪表设备的需求数量不同；运行成本方面，除考虑能耗费用等直接费用之外，还考虑到出水的不稳定性可能带来的风险。设置出水指标内控值，若超出内控值，则在评价模型中以超标罚款的方法量化风险，从而将处理效果稳定性的考核转化为间接费用，进行统一的经济测算。

各项成本标准测算函数定义如下：

平均日总成本（dTC）函数，包括日均投资成本（dCC）和日均运行成本（dOC）。dTC 为平均日总成本（daily Total Cost），元/d；dCC 为平均日投资成本（daily Capital Cost），元/d；dOC 为运行成本（daily Operation Cost），元/d。日均投资成本设定回收期为 5 年，将总投资成本分摊入平均日,日均运行成本是按照每种控制策略模拟输出结果测算的运行成本日均值。

$$dTC = dCC + dOC \tag{15.1}$$

投资成本函数,包括设备和仪表产品费用(EC)、安装费用(IC)、每年的维护费用(MC)和超概算费用(OEC)。EC 为产品费用(Equipment Cost),元;IC 为安装费用(Installation Cost),元;n 为投资回收期,5 年计;MC 为年维护费用,元/a;OEC 为超概算费用,元。式(15.3)中:安装费用(IC)和年维护费用(MC)均以投资费用的 20% 计。式(15.4)中:超概费用(OEC)以产品费用、安装费用和 5 年维护费用之和的 10% 计。不同设备仪表的投资成本情况见表 15-2。

$$CC = EC + IC + nMC + OEC \tag{15.2}$$

$$IC = MC = CC \times 20\% \tag{15.3}$$

$$OEC = (EC + IC + nMC) \times 10\% \tag{15.4}$$

运行成本函数,运行成本包括曝气能耗和水泵能耗产生的电费,商业碳源的费用,污泥处理处置的费用和内控值超标罚款。γ_E 为电价,取 0.5 元/(kW·h);AE 为曝气能耗,kW·h;PE 为水泵能耗,kW·h;γ_C 为商业碳源价格,取 1 600.0 元/t;EC 为外部碳源用量,t;γ_{SP} 为污泥处理处置价格,取 1.0 元/kg;SP 为排泥质量,kg 干物质;EF 为出水内控值超标罚款,元;AF_o 为单台鼓风机额定出风量,与实际相同,为 8 640.0 标准 m³/h;AF_t 为第 t 天产线曝气量,标准 m³/h;P_{AB} 为单台鼓风机额定功率,与实际相同,315.0 kW;DF_t 为第 t 天排水流量,m³/h;E_{pt} 为来源实际经验的吨水排放能耗,0.08 kW·h/m³。

$$OC = \gamma_E \cdot (AE + PE) + \gamma_C \cdot EC + \gamma_{SP} \cdot SP + EF \tag{15.5}$$

$$AE = \sum_{t=113}^{t=140} \frac{AF_t}{AF_o} \cdot P_{AB} \cdot 24 \tag{15.6}$$

$$PE = \sum_{t=113}^{t=140} DF_t \cdot E_{pt} \tag{15.7}$$

内控值超标罚款函数,EF_i 为第 i 种污染物内控超标罚款,元;C_{it} 为第 t 天,第 i 种污染物排放浓度,g/m³;C_{is} 为第 i 种污染物排放内控浓度,g/m³;F_i 为第 i 种污染物内控超标罚款因子,元/g。当 $i=1$,对应出水 COD,罚款因子为 0.4 元/g;当 $i=2$,对应出水 BOD_5,罚款因子为 0.4 元/g;当 $i=3$,对应出水 NH_4^+-N,罚款因子为 0.2 元/g;当 $i=4$,对应出水硝酸盐氮(NO_3^--N),罚款因子为 0.4 元/g;当 $i=5$,对应出水溶解性磷(PO_4^{3-}-P),罚款因子为 0.1 元/g。

$$EF = \sum_{i=1}^{5} EF_i = \sum_{t=113}^{t=140} (C_{it} - C_{is}) \cdot DF_t \cdot F_i \tag{15.8}$$

表15-2 不同设备和仪表的投资成本

设备类型	产品费（EC）/元	日均投资成本（dCC）/（元/d）
液体流量计	16 000	14
空气流量计	44 000	39
样品预处理	90 000	80
MLSS 传感器	35 000	31
DO 传感器	26 000	23
NH_4^+-N 传感器	146 000	130
NO_3^--N 传感器	138 000	123
PLC 控制柜	95 000	84
DAS 数据上传	50 000	44

15.2.2 控制策略

设计人工控制（Manual Control，MC）和自动控制（Auto Control，AC）不同策略，被控对象为排泥流量、曝气量、碳源投加量。人工控制中，排泥流量、曝气量设定值均是固定的；自动控制中，排泥流量、曝气量和碳源投加量会由在线仪表实际数据以及控制设定值共同决定。根据污水处理厂实际情况，构造 13 种控制策略，包括编码、控制参数、控制方式和控制设定值。

MC（人工控制），以固定的排泥量和曝气流量运行，不投加碳源。AC0 包含排泥控制，排泥量 PID 控制，由污泥浓度控制设定值 4 000 mg/L 反馈控制。AC0 为基础，AC1 增加曝气控制，通过固定的气水比和进水流量前馈控制曝气量。AC2～AC4 的曝气控制改为由好氧池末端 DO 浓度控制设定值分别为 0.5 mg/L、1.0 mg/L、2.0 mg/L 反馈控制曝气流量。AC5 和 AC6 的曝气控制改为由好氧池末端 NH_4^+-N 浓度控制设定值分别为 0.1 mg/L、0.3 mg/L 反馈控制曝气流量。AC7 的曝气控制改为串级控制，当好氧池末端 NH_4^+-N＞0.1 mg/L，DO 控制设定值为 1.0 mg/L，否则为 0.5 mg/L。AC7 为基础，AC8 和 AC9 增加碳源投加的开关控制，由好氧池末端 NO_3^--N 控制设定值分别超过 12.0 mg/L、10.0 mg/L，开启碳源固定流速投加，否则不投加。AC10 和 AC11 的碳源投加改为当缺氧池末端 NO_3^--N 控制设定值分别超过 3.0 mg/L、1.0 mg/L，开启碳源固定流速投加，否则不投加。AC12 碳源投加改为组合控制，当好氧池末端 NO_3^--N 超过 12.0 mg/L 或缺氧池末端 NO_3^--N 超过 1 mg/L 时，开启投加碳源，否则不投加。碳源投加泵的动作调整频率为 30 min/次，其他设备的动作调整频率为 10 min/次。

15.3 模拟仿真

15.3.1 出水效果对比

出水指标内控值为：COD≤25.0 mg/L，BOD_5≤5.0 mg/L，NH_4^+-N≤0.5 mg/L，NO_3^--N≤12.0 mg/L，PO_4^{3-}-P≤2.5 mg/L。表 15-3 为出水平均浓度，表 15-4 为出水内控超标率。可见，所有控制策略的出水浓度，除 PO_4^{3-}-P 外，其他指标（COD、BOD_5、NH_4^+-N、NO_3^--N）几乎均满足平均值内控达标。MC 和 AC0 策略下，出水 NO_3^--N 平均值超标，这是因为曝气恒定最大流量运行，导致好氧池 DO 浓度过高影响了脱氮效果。AC6 策略出水的 NH_4^+-N 超标，这是因为该策略由出水 NH_4^+-N 反馈控制，控制设定值与内控值接近，出水 NH_4^+-N 上下波动导致。所有策略的生物除磷效果均很差，本质是因为进水碳源（VFAs）不足[20]。对比 MC、AC5、AC8 和 AC12 4 种策略的出水磷变化（图 15-3），可以看出，控制策略变化可以明显优化生物除磷效果，但仍须再深度处理以保证出水磷达标。

表15-3 出水平均浓度 单位：mg/L

策略	COD	BOD_5	NH_4^+-N	NO_3^--N	PO_4^{3-}-P
MC	19±1.5	3±0.1	0.0±0.1	12.2±3.1	3.0±0.3
AC0	20±1.5	3±0.1	0.0±0.1	12.2±3.1	3.1±0.3
AC1	20±1.5	3±0.1	0.0±0.1	10.3±2.8	3.1±0.3
AC2	20±1.5	3±0.2	0.1±0.1	7.7±2.3	2.9±0.5
AC3	20±1.5	3±0.1	0.0±0.1	9.7±2.8	3.0±0.3
AC4	20±1.5	3±0.1	0.0±0.1	11.4±3.1	3.1±0.3
AC5	20±1.5	3±0.2	0.1±0.1	6.8±2.4	2.7±0.9
AC6	21±1.5	3±0.2	0.5±0.1	5.6±1.9	2.5±1.1
AC7	20±1.5	3±0.1	0.1±0.1	8.0±2.6	2.9±3.1
AC8	20±1.5	3±0.2	0.1±0.1	7.7±2.1	2.9±0.5
AC9	20±1.5	3±0.2	0.1±0.1	7.4±1.7	2.8±0.5
AC10	20±1.5	3±0.2	0.1±0.1	7.4±1.7	2.8±0.5
AC11	20±1.5	3±0.1	0.1±0.1	6.6±1.1	2.5±0.6
AC12	20±1.5	3±0.1	0.1±0.1	6.6±1.1	2.5±0.6

表15-4　出水内控超标率　　　　　　　　　　　　　　　　　单位：mg/L

策略	COD	BOD$_5$	NH$_4^+$-N	NO$_3^-$-N	PO$_4^{3-}$-P
MC	0	0	0	50	98
AC0	0	0	0	50	99
AC1	0	0	0	27	96
AC2	0	0	0	5	76
AC3	0	0	0	20	96
AC4	0	0	0	40	98
AC5	0	0	0	5	61
AC6	0	0	42	0	54
AC7	0	0	0	7	82
AC8	0	0	0	1	80
AC9	0	0	0	0	74
AC10	0	0	0	0	73
AC11	0	0	0	0	62
AC12	0	0	0	0	59

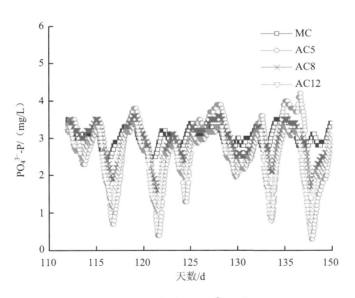

图15-3　模拟出水PO$_4^{3-}$-P浓度

AC2、AC5 和 AC7 策略比较表明，曝气控制的 DO 反馈、NH$_4^+$-N 反馈和串级控制方式不同对硝化效果影响并非关键，不同控制设定值的效果存在差别。AC8 和 AC9 策略比较表明，在好氧末端 NO$_3^-$-N 控制设定值降低 2.0 mg/L 后，碳源用量明显增大，造成处理成本升高；然而，从出水控制上看，出水 NO_3^--N 均值仅降低 0.3 mg/L，小时达标率提高 1%，反硝化效果没有显著差别。AC9 和 AC10 策略比较表明，使用好氧末端 NO_3^--N 反馈控制（控制设定值为 10.0 mg/L）与使用缺氧末端 NO_3^--N 前馈控制（控制设定值为 3.0 mg/L）的出水效果接近完全相同，说明这两种方式是等效控制，在污水处理厂初步设计投资或运行设计控制策略时可节省一块仪表或冗余安全设计。AC11 和 AC12 策略比较表明，相对于好氧末端 NO_3^--N 反馈控制（控制设定值为 12.0 mg/L），缺氧末端 NO_3^--N 前馈控制（控制设定值为 1.0 mg/L）的效果覆盖了反馈控制回路，整个碳源投加控制的实施效果和成本被此关键控制决定，反馈控制回路成为冗余安全控制回路。控制设定值的选取影响控制回路的有效性，需要在自控策略设计、运行中合理地选定控制值[21]。

15.3.2　经济性评价

计算所有控制策略的日均总成本（dTC）和组成，如图 15-4 所示。所有的控制策略的 dTC 按照由小到大，可分为 3 档，第一档：小于 20 000 元/d，包括 AC6、AC8、AC2、AC5；第二档：20 000～30 000 元/d，包括 AC9、AC10、AC7、AC11、AC12、AC3；第三档：30 000～60 000 元/d，包括 AC1、AC4、AC0、MC。由图 15-3 可知，虽然应用自控策略需要额外的设备、仪表投资成本的增大，但这部分费用在日均总成本中占比极小（<4%），相反，这部分仪表、设备的投资却可以帮助大幅降低运行成本。

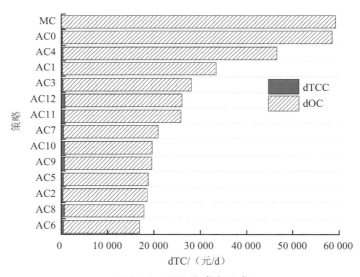

图15-4　日均总成本组成

如图 15-5 所示，第三档策略的超标罚款占运行成本的比例远大于其他策略。超标罚款占比，第一、第二档策略为 8%～39%，第三档为 54%～76%，说明出水效果和是否内控超标是运行成本的首要考量关注点，与实际要求相符。使用 CV（离散系数，coefficient of variation）表征不同策略分项成本的差异，碳源投加成本和曝气能耗是影响不同策略运行成本的次要因素。所有控制策略的水泵能耗费用和污泥处理处置费用基本相同（CV≤2%），这是由于进水输入量和污泥浓度控制近似，且在实际运行过程中也相差不大。

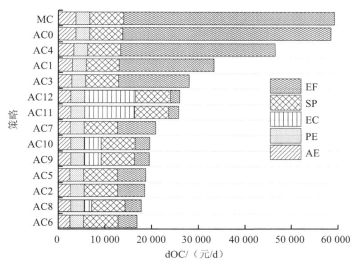

图15-5　日均运行成本组成

日均总成本最低的是策略 AC6，但其存在出水 NH_4^+-N 超内控值问题，考虑出水安全性，亦不宜使用。综合考虑，建议采用 AC8 策略。

15.4　结论

（1）污水处理数学模拟技术可以有效用于污水处理厂自动控制策略的设计和优化，是优化控制策略设计，优化仪表配置和位置，优化控制设定值的有效手段。

（2）应用自动控制策略可促进降本增效。建议控制策略为：由好氧池末端 MLSS 单回路控制污泥排放；由好氧池末端 NH_4^+-N 和 DO 串级控制曝气；由好氧池末端 NO_3^--N 单回路反馈控制碳源投加，缺氧池 NO_3^--N 前馈控制回路冗余安全备用。

（3）应用自动控制会造成额外的投资成本，但在日均总成本的占比不超过 4%（以 5 年计），并且相比于人工调整，削减最高达 70% 的运行成本和减轻劳动强度。

（4）同一个控制回路，控制方式和变量相同，控制设定值不同会造成极大的效果和成本差异。叠加实施不同控制回路不一定会带来更好的效果，反而造成投资成本和维护工作增加。控制设定值优化和策略设计的有效性更加重要。

参考文献

[1] 郝晓地，方晓敏，李天宇，等. 污水处理厂升级改造中的认识误区[J]. 中国给水排水，2018，34（4）：10-15.

[2] 魏忠庆，胡志荣，上官海东，等. 基于数学模拟的污水处理厂设计：方法与案例[J]. 中国给水排水，2019，35（10）：21-26.

[3] 邱勇，毕怀斌，田宇心，等. 污水处理厂进水数据特征识别与案例分析[J]. 环境科学学报，2022，42（3）：1-9.

[4] 宋铁红，张芳，董利鹏，等. 寒冷地区中小型污水处理厂自动控制系统[J]. 环境工程，2014，32（11）：1-10.

[5] 许雪乔，刘杰，林甲，等. 再生污水处理厂运营数字化转型的赋智方案及工程实践[J]. 给水排水，2022，58（1）：137-143.

[6] 郝二成，马文瑾，刘伟岩. 数学模拟技术在污水处理厂的应用方案[J]. 净水技术，2019，38（5）：97-102.

[7] Brdjanovic D，Meijer S，Lopez-Vazquez C，et al. Applications of Activated Sludge Models[M]. London：IWA Publishing，2015.

[8] 郑怀礼，李俊，孙强，等. 城镇污水处理自动控制策略研究进展[J]. 土木与环境工程学报（中英文），2020，42（1）：126-134.

[9] Hulsbeek J，Kruit J，Roeleveld P，et al.Apractical protocol for dynamic modelling of activated sludge systems[J]. Water Science and Technology，2002，45（6）：127-136.

[10] Gernaey K，Jeppsson U，Vanrolleghem P，et al. Benchmarking of Control Strategies for Wastewater Treatment Plants[M]. London：IWA Publishing，2014.

[11] 李天宇，吴远远，郝晓地，等. 污水生物处理建模水质数据误差来源分析与影响评价[J]. 环境科学学报，2021，41（11）：4576-4584.

[12] 吴远远，翟学棚，林甲，等. 基于生物模型评估超磁分离在生活污水处理厂预处理中的技术有效性及经济性[J]. 环境工程学报，2021，15（9）：3143-3150.

[13] 董建华，王国胤，姚文. 基于 PCA 的水质数据相似度分析模型[J].环境工程，2016，34（S1）：841-844.

[14] 李天宇，吴远远，郝晓地，等. 数据清洗对污水处理厂生物建模可靠性影响研究[J]. 环境科学学报，2020，40（9）：3298-3310.

[15] 鲁树武，伍小龙，郑江，等. 基于动态融合 LOF 的城市污水处理过程数据清洗方法[J]. 控制与决策，2022，37（5）：1231-1240.

[16] 卢薇. 污水处理过程多变量优化控制方法研究[J]. 控制工程，2021，28（2）：258-265.

[17] 王藩，王小艺，魏伟，等. 基于 BSM1 的城市污水处理优化控制方案研究[J]. 控制工程，2015，22（6）：1224-1229.

[18] von Sperling M，Verbyla M，Oliveira S. Assessment of Treatment Plant Performance and Water Quality Data：A Guide for Students，Researchers and Practitioners[M]. London：IWA Publishing，2020.

[19] Ostace G，Baeza J，Guerrero J，et al. Development and Economic Assessment of Different WWTP Control Strategies for Optimal Simultaneous Removal of Carbon，Nitrogen and Phosphorus[J]. Computers and Chemical Engineering，2013，53（11）：164-177.

[20] Brdjanovic D，van Loosdrecht M，Versteeg P，et al. Modeling COD，N and P Removal in a Full-scale WWTP Haarlem Waarderpolder[J]. Water Research，2000，34（3）：846-858.

[21] Guerrero J，Guisasola A，Vilanova R，et al. Improving the Performance of a WWTP Control System by Model-based Setpoint Optimisation[J]. Environmental Modelling and Software，2011，26（4）：492-497.

第16章

结　论

　　数学建模在污水处理领域的应用始于 20 世纪 80 年代初。每个模型使用不同的术语和不同的方法。于 1965 年成立的国际水污染研究协会（IAWPRC）在 1999 年发展为国际水协会（IWA）的前国际水质协会（IAWQ），于 1986 年通过建立"污水生物处理设计和运行数学模型任务组（IAWPRC）"，在污水建模的发展中发挥了关键作用。一年后，这个团队开发了活性污泥模型 Nr I（ASMI），同年（1987 年）被认为是污水建模的"元年"。ASMI 本质上是一种共识模型——包括了当时主要来自南非、美国、瑞士、日本和丹麦等不同模型团队的讨论结果。ASMI 的许多基本概念是从 1980 年由开普敦大学的研究小组定义的活性污泥模型改编而来的。这种演变无疑是由更强大的计算机所支持。如今，在美国、澳大利亚、加拿大、日本和许多欧盟国家，几乎每家污水处理厂都经常使用模型。例如，1994 年在荷兰的实践者开始觉得模型可能有用。不久之后（1995 年），STOWA 建议使用 Simba 模拟器作为国家标准。1996 年，STOWA 发布了建模与表征方法。到 1997 年，荷兰约有一半的污水处理厂采用了模型。1999 年，提出了一种新的模型校准方案。如今，荷兰 90%以上的新 WWTP 已经建模。目前，从实际的角度来看，模型被认为是充分发展和可靠的，用途很广。建模师已成为任何一家咨询公司的标准资产，甚至在该领域出现了专业建模公司。与此同时，全球也得到了一些发展，例如，1995 年在丹麦召开的 IWA 良好建模实践专家小组和 IWA 数学建模双年度专家会议。

　　本书所开发的通用方案源自荷兰在活性污泥建模（基于模型设计或 MBD）模型设计方面的经验。通用方案的目的是降低模型设计项目的复杂性。因此，模型设计分为较小的子任务。根据图 16-1 的总体方案，对污水处理厂建模过程中的 7 个不同阶段进行了划分，详细情况见图 16-2。

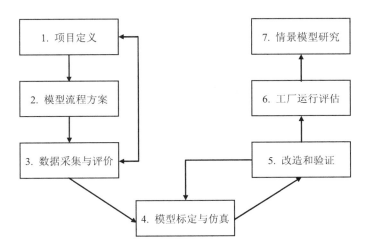

图16-1　通用方案中指引的一般架构，描述了活性污泥建模的7个部分

　　在方法中，每一步都以标准的、实用的、可行的和现实的方式来处理。在具体实践中，克罗地亚地区选取了 5 个 WWTP 进行方法模型演示。在方案中，应用方法以一种通用和解释性的方式提出。方案的目的是为新设计项目提供知识基础和实践证明手册（检查表），为新模型设计研究提供水质依据和标准，以促进克罗地亚污水处理未来发展从而应对欧盟法规和环境安全标准的提高。

　　基于模型的污水处理设计成功引入的关键因素是实用的标准化方法、模型和仿真软件。这些指导方针是一个明确的方法及其在污水处理中应用的基础，在克罗地亚范围内应用，从而进一步发展成为更多定制实际的文件。议定书中强调了当地的条件，并在必要时对其他地方发表的关键技术文件进行了翻译。该准则为项目管理、后勤组织、水质控制和技术开发提供了有用的知识基础和实用建议。方案为管理人员提供了快速项目概述和水质控制指南，为顾问提供了设计项目和发展的知识基础，为建模人员、运营人员和实验室人员提供了污水处理模型设计现代标准下如何改善运行方式的实际建议。根据所提供的信息，培训计划于 2011 年开始，内容涉及克罗地亚全国的污水建模，并奠定了基础。指导方针的结构是一个七步法的通用方法，作为一个具体位置的污水处理设计研究。第一步是初始阶段，主要目标是获得完整的项目概述。它包含对污水处理厂所在地的调研，按照方案中提供的清单收集各种信息。初始阶段的结果是项目目标的确定和可用时间和资源的现实规划。这一阶段的预计投入时间为 4～5 d，包括参观污水处理厂和撰写结论的简短报告。

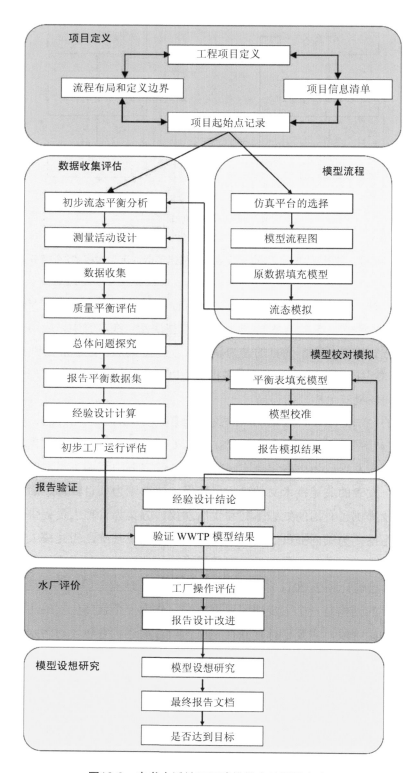

图16-2　本书中活性污泥建模指南的通用方案

　　在初始阶段之后，进行建模工作。这部分持续 1～2 d，利用初步收集到的信息，建立了一个初始模型，并进行了第一次模拟。因此，可以获得项目的早期概述，并监督建模需求，从而进一步细化项目目标以及时间和资源规划。对于已经拥有（通用）建模软件操作经验的建模者，这个阶段还提供了通过进一步培训更新操作技能的可能性。

　　重点从最初的案头研究逐渐转移到操作和设计污水处理厂数据获取。因此，应该在首次（或多次）污水处理厂调研期间，把一个全面的取样和测量计划传达给所有相关人员。

　　同样，这里的指导方针可以作为数据获取准备过程中要采取的所有步骤的检查表。在项目的这个阶段，需要用于采样和分析的大量的资金投入以及人员时间投入。因此，有效的计划肯定会节省一些成本。与此同时，额外的数据采集将确保收集所有必要的信息，使项目顺利完成（获得可靠的结果）。为了获得污水处理厂的测量数据，估计需要 2～3 周的时间来完成采样和分析工作的整个过程。

　　当这些数据可用时，项目就可以继续进行，因此，这个项目阶段对于时间规划至关重要。在此阶段，将检查收集到的信息是否存在显而易见的错误和（不）一致性。由于使用了实际的污水处理厂测量，误差经常发生。因此，这个指南提供了一组对收集到的数据进行检查和校正的步骤，从而保障模型结果的准确性。起草一份报告，在单个表格概述中显示所有原始和已校正的工厂信息，以此完成数据采集阶段。该表既是模型仿真的起点，也是基于测得的（观察到的）信息的有关污水处理厂运行性能的可靠参考点。此阶段需要投入的总时间取决于收集的数据量，对于一个小型项目，估计为 3 周，而对于较大项目，则估计为 4 周（包括准备和实际执行）。

　　在接下来的模型校准和模拟阶段中，指南重点关注活性污泥建模方法的技术方面。他们一步一步地解释了模型应该如何与实测数据（现实）相匹配。在科学文献中，模型校准通常被认为是模型应用中一个复杂而耗时的步骤。然而，这些结论现在被认为是过时的，因为所提出的指导方针建议了一种不仅实用且快速应用的校准方法，而且产生了高度精确的模型描述。通过使用这些指南，一个建模者可以在 2～5 d 内获得一个完全校准的模型，这取决于建模者的经验。对于开创性的研究，建议多保留 2～3 周，以便用户（建模者）能够熟悉软件、ASM 模型的背景理论和模型校准。如果可能的话，他/她应该接受这方面的专家培训。

　　在模型模拟之后是一个传统的设计阶段，所有的模型和污水处理厂测量的结果都被计算和报告，形成一个传统的污水处理厂设计。因此，基于模型的设计和传统的设计是兼容的，最先进的污水处理模型被嵌入传统的设计实践中。指导方针中的下一个步骤提供了以其他人（没有建模技能）能够理解和判断的方式来表示模型结果的工具。因此，污水处理模型显然支持污水处理厂的传统设计和运行。指南中提供了汇总表的模板，以便将模型结果与实测数据进行比较，从而验证了该模型可用于场景研究分析。准备传统的污水处理厂设计和验证活性污泥模型需要 2～5 个工作日的伏案研究。

在最后阶段，进行最后的操作污水处理厂评估和发布工作。解释设计数据需要专家的判断。根据设计师的经验，得出关于污水处理厂的性能和模型应用的结果的结论需要 1～2 d。并对模型设计精度进行了评价，介绍了设计安全系数。模型预测的准确性可以通过评估的实测数据与校准模型得到的结果的差异来确定。建模的一个有价值的方面是关于污水处理厂设计的统计准确性，这是确定更现实的安全因素的基础。从财务角度来看，这是非常相关的——设计程序中包含的安全性直接增加了污水处理的施工和运营成本，因此，确定现实的和可接受的安全因素往往带来财务效益。

从这一点上讲，模型的附加价值可以通过将其用于各种类型的外推来证明，例如模拟未曾运行过的工况。这些通常被称为"假设情景"研究。该模型可用于检查污水处理厂在满负荷（设计能力）下的运行情况，换句话说，污水处理厂是否真的能够在满载情况下达到设计的排放标准。如果污水处理厂已经超负荷，该模型可以满足出水水质、沼气生产、污泥最小化和曝气要求。执行真实（动态和静态）场景研究的能力（可能性）是建模方法的独特特性，没有其他技术/方法可以在给定的精度范围内进行这种预测。另外，这些结果只有在所有建议的步骤都在按照指南中提供的建模方法系统准确地遵循的情况下才能实现。

附 录

取样点设置和取样方法

（1）取样位点及取样频次

取样位置如附图 1 所示。分别取未处理污水进水，初沉池进水，初沉池出水，曝气池内污水，污水处理厂二级出水，脱水后污泥，系统内部回流液测定相关指标。

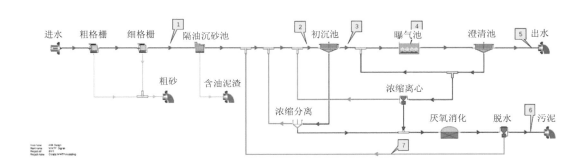

附图1　污水处理厂水处理工艺流程及取样位置

值得注意的是，各个污水处理厂水处理工艺不尽相同，因此在污水处理厂建模过程中需针对具体污水处理厂实际生化处理单元进行进出水水质采样测试。对于不同的水处理构筑物，进水水质水量波动较大的环节，所取水样需为反映日均值的样品；而水质水量较为稳定水处理工艺环节中，所取样品可为瞬时样品用于测定水质的瞬时值。关于具体内容如附表 1 所示。

为了使所取样品具有代表性，污水处理厂采样的选择时间，需避开降水至降水后 3 d 的时间段，避免降水对污水处理厂进水负荷带来的非常规冲击。同时，取样的持续时间需涵盖整个 SRT 周期（一般需 3～4 周，推荐 30 d），在该周期里，至少取 6～8 次样品，且使这 6～8 次的时间尽量均匀分布在整个取样周期内。对于测定瞬时值样品，其样品的取得需尽量在同一时段进行（如都在上午 10：00 进行），从而避免不同时段中污水处理厂水质的变化波动。

附表1　取样位置

取样点编号	流程图水样编号	采样标准	水样性质	备注
1	Q1	日均值	未处理污水	根据进水特性分析组分
2	Q2	日均值	初沉池进水	考虑系统回流负荷
3	Q3	日均值	初沉池出水	根据进水特性分析组分
4	Q4	瞬时值	曝气池水样	分析 TSS、ISS/VSS、COD、TKN、TP
5	Q5	日均值	污水处理厂出水	分析 BOD_5、TSS、COD、CODF、TKN、NH_4^+、NO_3^-、TP、PO_4^{3-}
6	Q6	瞬时值	脱水污泥	分析 TSS、VSS、COD、TKN、TP
7	Q7	瞬时值	系统回流水	分析 NH_4^+、PO_4^{3-}

（2）指标的测定方法及花费

共选取 26 个常用指标反映水质状况的综合指标，各个指标的测定方法，预处理要求和测样费用如附表 2 所示。针对不同水样，可有针对性地选择以上指标。常规选择的指标如附表 2 所示。对于拥有较为标准的水处理工艺的污水处理厂，一次全周期测定，共测样品 640 次。

附表2　指标选取参考及花费

水样性质			未处理污水	初沉池进水	初沉池出水	曝气池水样	污水处理厂出水	脱水污泥	系统回流水		
流程图水样编号			Q1	Q2	Q3	Q4	Q5	Q6	Q7	单项指标日测定数/个	单项指标总测定数/个
污水处理厂编号			n.a.	n.a.	n.a.	n.a.	n.a.	n.a.	n.a.		
数据采集及监视控制系统编号			n.a.	n.a.	n.a.	n.a.	n.a.	n.a.	n.a.		
采样标准			日均值	日均值	日均值	瞬时值	日均值	瞬时值	瞬时值		
指标意义	指标名称	单位									
总悬浮固体	TSS	mg/L	1	1	1	1	1		1	6	48
无机悬浮固体（灰分）	ISS	%	1	1	1	1			1	5	40
总干物质	DM	mg/L						1		1	8
无机干物质	IM	%						1		1	8
pH	pH	—	1		1		1			3	24
碱度（碳酸钙当量）	Alk	mg/L	1		1		1			3	24
钙	Ca	mg/L	1		1					2	16
镁	Mg	mg/L	1		1					2	16
溶解氧	DO	mg/L	1		1	1	1			4	32
总铁	TFe	mg/L								0	0
总磷	TP	mg/L	1	1	1	1	1	1	1	7	56
正磷酸盐	PO_4^{3-}	mg/L	1		1		1		1	4	32
总化学需氧量	TCOD	mg/L	1	1	1	1	1	1	1	7	56

水样性质			未处理污水	初沉池进水	初沉池出水	曝气池水样	污水处理厂出水	脱水污泥	系统回流水		
流程图水样编号			Q1	Q2	Q3	Q4	Q5	Q6	Q7	单项指标日测定数/个	单项指标总测定数/个
污水处理厂编号			n.a.	n.a.	n.a.	n.a.	n.a.	n.a.	n.a.		
数据采集及监测控制系统编号			n.a.	n.a.	n.a.	n.a.	n.a.	n.a.	n.a.		
采样标准		单位	日均值	日均值	日均值	瞬时值	日均值	瞬时值	瞬时值		
指标意义	指标名称										
非固化学需氧量（含胶体）	COD_{GF}	mg/L	1	1	1	1	1			5	40
溶解性化学需氧量	COD_{MF}	mg/L	1		1		1			3	24
挥发性脂肪酸	VFA	mg/L	1		1					2	16
醋酸盐	Ac^-	mg/L	1		1					2	16
五日内生化需氧量	BOD_5	mg/L	1		1		1			3	24
溶解性生化需氧量	BOD_{MF}	mg/L	1		1					2	16
总凯氏氮	TKN	mg/L	1	1	1	1	1	1		6	48
氨氮	NH_4^+	mg/L	1		1	1	1			4	32
硝酸盐	NO_3^-	mg/L				1	1			2	16
亚硝酸盐	NO_2^-	mg/L				1	1			2	16
硝酸盐氮	NO_x	mg/L	1		1		1		1	4	32
单日各水样测定总品数			19	6	19	10	15	5	6	80	
各水样测定总花费			152	48	152	80	120	40	48		640